智能建筑设施管理专业系列丛书

楼宇自动化原理

黄治钟　编著

中国建筑工业出版社

图书在版编目（CIP）数据

楼宇自动化原理/黄治钟编著．—北京：中国建筑
工业出版社，2003
（智能建筑设施管理专业系列丛书）
ISBN 978-7-112-05796-2

Ⅰ．楼…　Ⅱ．黄…　Ⅲ．智能建筑—自动化系统
Ⅳ．TU855

中国版本图书馆 CIP 数据核字（2003）第 053163 号

智能建筑设施管理专业系列丛书

楼宇自动化原理

黄治钟　编著

*

中国建筑工业出版社出版、发行(北京西郊百万庄)

各地新华书店、建筑书店经销

北京市燕鑫印刷有限公司印刷

*

开本：787×1092 毫米　1/16　印张：12　字数：294 千字
2003 年 10 月第一版　　2013 年 8 月第五次印刷

定价：**20.00** 元
ISBN 978-7-112-05796-2
(11435)

本书较系统地介绍了楼宇自动化系统所涉及的基本原理、系统特性、传感器件、执行机构以及楼宇自动化系统中采用的抗干扰技术和通讯协议等内容，最后还介绍了自动化技术在楼宇设备系统中的应用。

　　本书共分九章，分为四个部分：第一、第二章主要介绍了自动控制的基本原理；第三、第四章主要介绍了楼宇自动化系统中所应用的各种传感器和执行机构；第五、第六章主要介绍计算机控制系统；第七、第八、第九章主要介绍与楼宇自动化系统相关的抗干扰技术、通讯协议以及自动控制技术在楼宇设备系统中的应用等内容。

　　本书可作为普通高等院校相关专业的教材，以及智能建筑方面的培训教材，也可供从事智能化楼宇设施管理领域的工程技术人员和管理人员参考。

前　言

自动控制理论已经有一百多年的历史。自第二次世界大战结束以来，自动控制理论和自动控制技术在工农业生产中得到了广泛的应用，极大地提高了劳动生产率和产品质量。但是直到上世纪 70 年代，自动控制技术才开始在楼宇设备系统中得到应用。今天，为了使建筑物能够为人们提供一个合理、高效、舒适、安全、方便、节能的室内环境，楼宇自动化系统已经是一个不可或缺的因素。

楼宇自动化控制属于连续过程控制的范畴，一般采用线性连续系统的原理和方法来进行分析，采取的主要技术措施也大多源于工业控制。但是与一般工业生产过程的自动控制相比，它还具有诸如多工况、多干扰、非线性、大滞后、参数离散以及受控对象的数学模型不易准确求取等特点；从整个系统来看，系统中各个子系统在运行中的相互影响也不容忽视。在运用自动控制系统的一般原理对楼宇自动化系统进行设计、计算和整定时，必须充分考虑这些特点对系统控制品质的影响。

本书共分九章，从内容上看，可以分为四个部分：第一、第二章为第一部分，主要介绍了自动控制的基本原理，包括传递函数、系统稳定性、系统的稳态特性和动态特性、控制器的基本算法及其参数整定等内容；第三、第四章为第二部分，主要介绍了楼宇自动化系统中所应用的各种传感器和执行机构，包括它们的工作原理、特性、选用原则和使用要求；第五、第六章为第三部分，主要介绍计算机控制系统，包括计算机控制系统的组成、信号采样与复现、脉冲传递函数、采样系统的稳定性、数字控制器的实现及其参数整定、计算机控制系统的输入/输出接口等内容；最后的第七、第八、第九章为第四部分，主要介绍与楼宇自动化系统相关的抗干扰技术、通讯协议，以及自动控制技术在楼宇设备系统中的应用等内容。

本书是在编者近年来讲授《楼宇自动化原理》课程的讲义和授课笔记的基础上进行整理、扩充和提高而成。书中的主要内容形成于 2000～2001 年，曾以讲义的形式印行，在同济大学设备工程与管理专业、建筑环境与设备专业和智能化楼宇设施与管理专业的教学中实际使用，收到了预期的效果。

本书的编写始终是在龙惟定教授的指导和帮助之下进行的，同济大学楼宇设备工程与管理系的各位老师都提出了不少有益的建议，其中潘毅群老师还利用去美国访问的机会为编者提供有关资料，在此一并表示深切的感谢。

由于编者水平有限，错误和不妥之处在所难免，敬请读者批评指正。

编　者

2003 年 3 月于同济大学

目　　录

绪　　论

随着计算机技术、控制技术、通信技术及信息技术的飞速发展，人们对工作、生活环境的舒适性、经济性和安全性的要求日渐增长，智能建筑由此应运而生。智能建筑系统通常包括三个组成部分——楼宇自动化系统（BAS）、办公自动化系统（OAS）和通信自动化系统（CAS），即 3A 大厦；有时也将消防报警系统（FAS）和停车库管理系统（PAS）作为智能建筑的组成部分，即 5A 大厦。在建筑物中采用这些自动化系统的目的，是为了使建筑物能够为人们提供一个合理、高效、舒适、安全、方便、节能的室内环境，有利于人们的工作和生活。其中，楼宇自动化系统是智能建筑系统中一个重要的、基本的组成部分，而智能建筑系统是建立在楼宇自动化系统的基础之上的。

楼宇自动化系统（Building Automation System）针对楼宇内各种机电设备进行集中管理和监控。这其中主要包括空调及新风系统、送排风系统、冷冻站系统、热交换站系统、变配电系统、照明系统、给排水系统、垂直输送系统等。通过对各个子系统进行监测、控制、信息记录，实现分散节能控制和集中科学管理，为用户提供良好的工作和生活环境，同时为管理者提供方便的管理手段，从而减少建筑物的能耗并降低管理成本。

楼宇自动化系统的组成如图 0.1 所示。

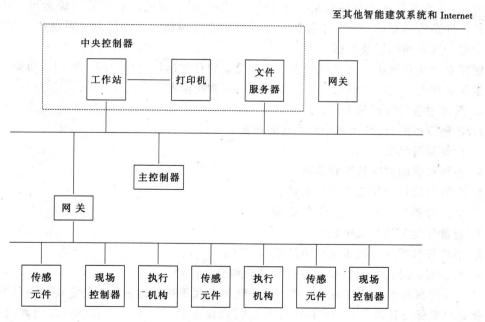

图 0.1　楼宇自动化系统

从上图可知，楼宇自动化系统是由中央管理站、各种 DDC 控制器及各类传感器、执行机构组成的、能够完成多种控制及管理功能的网络系统。它是随着计算机在室内环境控制和管理中的应用而发展起来的一种智能化控制管理网络。目前，系统中的各个组成部分已从过去的非标准化的设计、生产，发展成标准化、专业化、系列化的产品，各种设备间的相互通信也有了专门的通讯协议，从而使系统的设计、安装、调试、扩展以及互通互联更加方便和灵活，系统的运行更加可靠，同时系统的初投资也大大降低。

现代典型的楼宇自动化系统一般由以下几部分组成：

1. 中央控制器：中央控制器对整个系统进行监测、协调和管理，并不承担具体的控制任务。中央控制器包括工作站、文件服务器及打印机等，工作站和文件服务器通过网络接口连接在一级网络上。

2. 主控制器：主控制器是整个系统中各离散化的区域控制器（DDC）的协调者，其作用是实现全面的信息共享，完成区域控制器与中央控制室的工作站之间的信息传递、数据存储、区域或远端报警等功能，并负责对整个系统的性能进行全局优化。同时，主控制器还担负着与其他智能建筑系统（如 FAS 等）进行协同动作的任务。主控制器含有 CPU、存储器、I/O 接口，通过网络接口连接在一级网络上。

3. 现场控制器（即直接数字控制器 DDC）：现场控制器是具体控制机电设备的装置，与安装在设备上的传感器件和执行机构相连，每个现场控制器都包含有 CPU、存储器、I/O 接口，分设在各控制现场，通过网络接口连接在二级网络上。

4. 传感器件：装设在各监控点的传感器，包括各种敏感元件、信号变送器、信号接点和限位开关，接收并传送信号。

5. 执行机构：接收控制信号并调节被监控设备。

由于现代楼宇自动化系统中的各个部件或者本身就是计算机（如中央控制器、主控制器和 DDC），或者是基于计算机的（如智能传感器等），因此，系统的正确运行，还需要有各种软件系统的支持。这其中包括操作系统、实时控制、状态监测、系统优化与协调、运行管理、网络通讯以及数据库等。

楼宇自动化系统担负着对整个楼宇各种设备的日常运行进行管理、控制、协调，以及在发生异常情况时及时作出反应的任务，它的基本功能有：

1. 系统中各种数据的采集；

2. 各种设备的启/停控制与轮换运转控制；

3. 设备运行状况的图像显示；

4. 各种参数的实时控制和监视；

5. 参数与设备的非正常状态报警；

6. 动力设备的节能控制及最优控制；

7. 能量和能源管理及报表打印；

8. 事故报警报告及设备维修事故报告打印；

9. 根据实际运行时间安排设备定期维护和检修计划。

从自动控制技术的角度来看，楼宇自动化系统属于连续过程控制的范畴，它的基本功能，就是尽量保持各种参数的实际值等于或接近设定值。如果由于各种扰动因素的影响，使得参数的实际值偏离了设定值，控制系统就应当采取正确的策略，使得参数能够尽快地恢复为设定值，并尽量减少这一过程中参数的波动。

楼宇自动化系统的另一个基本功能，就是协调和优化各种楼宇设备的运行状态，在满足室内环境参数和使用功能的前提下，尽可能地减少能源消耗。目前，世界平均建筑能耗占总能耗的 37%。在我国，建筑能耗占能源总消费量的比例，已从 1978 年的 10%，上升到 2001 年的 27.6%（新华网，2002-6-3），并有进一步上升的趋势。因此，通过采用楼宇自动化系统以节省能源消费，具有重大的现实意义。

尽管楼宇自动化系统属于连续过程控制的范畴，目前采取的主要技术措施也大多源于工业控制，但是与一般工业生产过程的自动控制相比，它还具有诸如多工况、多干扰、非线性、大滞后、参数离散，以及受控对象的数学模型不易准确求取等特点。在运用自动控制系统的一般原理对楼宇自动化系统进行设计、计算和整定时，必须充分考虑这些特点对系统控制品质的影响。

楼宇自动化系统的成功构建与运行，除了需要根据自动控制系统的原理，对系统的控制方案进行合理选择，对系统中各控制器、传感器、执行机构等部件的参数进行正确计算与选取，以及对通信网络进行正确配置以外，更重要的是对各受控设备的工作特性和工作状态有充分的了解，从控制的角度去理解它们的静态和动态特性，以及对整个楼宇自动化系统乃至整个智能建筑系统的整体性把握。

第一章 自动控制原理

第一节 概述

按照控制系统是否具有反馈环节，控制系统可分为开环控制和闭环控制两种。没有反馈环节的，称为开环控制系统，反之称为闭环控制系统。

一、开环控制系统

如果系统的输出量不被引回来对系统的控制部分产生影响，这样的系统称为开环控制系统。

由于没有反馈环节，开环控制系统一般来说结构比较简单，系统稳定性好，成本低。对于那些输入量和输出量之间的关系固定不变，而且内部参数或外部负载等扰动因素不大，或者这些扰动因素能够预先确定并能进行补偿，则应尽量采用开环控制系统。

开环控制系统的缺点是当控制过程受到各种扰动因素的影响时，将会直接影响输出量，而系统不能自动进行补偿。当无法预计的扰动影响使得输出量的变化超过允许限度时，开环控制系统就无法满足使用要求，这时就应当采用闭环控制系统。

二、闭环控制系统

如果系统的输出量被引回来作用于系统的控制部分，形成闭合回路，这样的系统称为闭环控制系统，也称为反馈控制系统。

在反馈控制系统中，有关被控对象的有关信息被获取以后，通过一些中间环节，最后又作用于被控对象本身，使之发生变化。这样，信息的传递途径是一个闭合的环路。在这个闭合的环路中，除了被控对象以外，还有实现控制的设备，称为控制器，以及获取被控对象有关信息的设备，称为传感器。以下是反馈控制系统的方框图，其中的控制器由调节器和执行器构成。

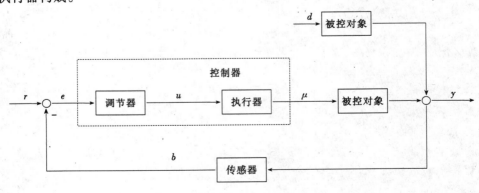

图中：

r—设定值；e—偏差；u—调节器输出；μ—执行器输出；y—受控变量；b—受控变量测量值；d—干扰

图 1.1　反馈控制系统

既然反馈控制的目的是要消除（或减小）受控变量与设定值之间的偏差，那么控制作用的方向必然要与偏差的方向相反。为了强调说明反馈的这种性质，我们将这样的反馈称为负反馈。反馈控制系统中的反馈都是负反馈。

三、自动控制系统的分类

（一）按输入量变化的规律分类，可分为

1．恒值控制系统

恒值控制系统的特点是：系统的输入量（设定值）是恒量，并且要求系统的输出量（受控变量）相应地保持不变。这类系统所需要解决的主要问题，是克服各种能够使受控变量偏离设定值的扰动的影响。控制的任务是尽快地使受控变量恢复到设定值。如果不得已而残留一些误差，则误差应当尽可能小。

在恒值控制系统中，如果需要将受控变量调整到另一个数值上去，只要简单地改变设定值就可以做到。在这样改变设定值的时候，控制作用需要克服的就不是扰动，而是被控对象的惯性了。但是这种改变设定值的情形并不是一个恒值控制系统经常会遇到的工作状态，所以，在偶然进行这种调节的时候，只要能够保持稳定，系统的工作质量如何，通常不是考虑的主要因素。

恒值控制系统是最常见的一类自动控制系统，如恒温控制系统，自动调速系统等。

2．随动控制系统

随动控制系统的特点是：输入量是变化的（可能是有规律的变化，也可能是随机变化），并且要求系统的输出量能够跟随输入量的变化而作出相应的变化。

随动控制系统的任务是保持受控变量等于某一个变化着的、不可预知的量。这类系统要解决的主要问题，是克服被控对象的惯性。控制的任务是要使受控变量紧随着设定值的变化而变化。尽管在跟随的过程中，误差是不可避免的，但是应当使误差尽可能地小，并且希望能够事先估计误差的大小与方向。

随动控制系统当然也会受到各种扰动的影响，但与跟随设定值的变化相比较，扰动的影响是次要的，不需要专门加以考虑。

随动控制系统在工业和国防上有着广泛的应用，如仿形加工机床、机器人控制系统和雷达导引系统等。

在楼宇自动化系统中，大量应用的是恒值控制系统，但是也有应用随动控制系统的场合。

（二）按系统传输信号对时间的关系分类，可分为

1．连续控制系统

连续控制系统的特点是控制作用的信号是连续量或模拟量。通常，连续控制系统的控制器由模拟电子器件构成。

2．离散控制系统

离散控制系统又称为采样控制系统。它的特点是作用于系统的控制信号是断续量、数字量或采样数据量。通常，采用数字计算机构成控制器的系统都是离散系统。

（三）按系统的输出量和输入量之间所谓关系分类，可分为

1．线性控制系统

线性控制系统的特点是系统的输出量与输入量之间的关系是线性的。它的各个环节或

系统的运动规律都可以用线性微分方程来描述，可以应用叠加原理和拉普拉斯变换。

2．非线性控制系统

非线性控制系统的特点是其中的一些环节具有非线性性质，它们的运动规律往往要用非线性微分方程来描述，而且叠加原理对于非线性控制系统是不适用的。

根据楼宇自动化系统的实际情况，以下只讨论连续控制的线性系统。离散控制的线性系统在第五章中讨论。

第二节　传递函数、频率特性和结构图

一、传递函数

一个控制系统的运动规律，除了用微分方程进行描述以外，还可以用传递函数来进行描述。传递函数比微分方程简单明了，运算方便，是自动控制中最常用的数学模型，而它的形象描述就是结构图。

（一）传递函数的概念

1．传递函数的定义

传递函数是在用拉普拉斯变换求解微分方程的过程中引申出来的概念。微分方程可以准确描述控制系统的运动规律，但是它的主要缺点是计算麻烦，而且由它表示的输出与输入之间的关系复杂且不明显。经过拉普拉斯变换以后，微分方程变为一个代数方程，可以通过一般代数方法进行求解，从而可以用简洁明了的比值关系描述系统输出与输入之间的关系。这一系统输出与输入之间的比值关系就是系统的传递函数，它是我们研究控制系统时所使用的主要数学模型（有关拉普拉斯变换的进一步内容可参见附录）。

传递函数的定义为：在初始条件为零时，输出量的拉普拉斯变换与输入量的拉普拉斯变换之比。即

$$传递函数\ G\ (s) = \frac{输出量的拉普拉斯变换}{输入量的拉普拉斯变换} = \frac{Y\ (s)}{R\ (s)}$$

这里所指的初始条件为零，一般是指输入量在 $t = 0$ 时刻以后才作用于系统，系统的输入量和输出量及其各阶导数在 $t = 0$ 时也均为零。实际的控制系统多为这种情况。在考虑一个系统时，通常总是假定该系统原来处于稳定平衡状态，若不加输入量，系统的状态不会发生任何变化。系统的各个变量都可以将输入量作用以前的稳态值作为起算点（即零点），所以一般都能满足零初始条件。

2．传递函数的一般表达式

如果系统的输入量为 $r\ (t)$，输出量为 $y\ (t)$，并可以由下列微分方程描述：

$$a_n \frac{d^n}{dt^n} y\ (t) + a_{n-1} \frac{d^{n-1}}{dt^{n-1}} y\ (t) + \cdots + a_1 \frac{d}{dt} y\ (t) + a_0 y\ (t)$$

$$= b_m \frac{d^m}{dt^m} r\ (t) + b_{m-1} \frac{d^{m-1}}{dt^{m-1}} r\ (t) + \cdots + b_1 \frac{d}{dt} r\ (t) + b_0 r\ (t)$$

在零初始条件下，对微分方程的两边进行拉普拉斯变换，得

$$a_n s^n Y\ (s) + a_{n-1} s^{n-1} Y\ (s) + \cdots + a_1 s Y\ (s) + a_0 Y\ (s)$$

$$= b_m s^m R\ (s) + b_{m-1} s^{m-1} R\ (s) + \cdots + b_1 s R\ (s) + b_0 R\ (s)$$

即

$$(a_n s^n + a_{n-1} s^{n-1} + \cdots + a_1 s + a_0) \, Y(s) = (b_m s^m + b_{m-1} s^{m-1} + \cdots + b_1 s + b_0) \, R(s)$$

根据传递函数的定义，有

$$G(s) = \frac{Y(s)}{R(s)} = \frac{b_m s^m + b_{m-1} s^{m-1} + \cdots + b_1 s + b_0}{a_n s^n + a_{n-1} s^{n-1} + \cdots + a_1 s + a_0}$$

由上述可见，在零初始条件下，只要将微分方程中的微分算符 $\frac{\mathrm{d}^{(k)}}{\mathrm{d} t^{(k)}}$ 换成相应的 s^k，就可以得到系统的传递函数。上式是传递函数的一般表达式。

3．传递函数的性质

（1）传递函数是由微分方程变换得到的，它和微分方程之间存在一一对应的关系。对于一个确定的系统，它的微分方程是惟一的，传递函数也是惟一的。

（2）传递函数是复变量 s 的有理分式，s 是复数，而分式中的各项系数 a_n，a_{n-1}，$\cdots$，a_1，a_0 以及 b_m，b_{m-1}，$\cdots$，b_1，b_0 都是实数，它们是由组成系统的各元件的参数及其相互之间的联结关系所决定的。从以上传递函数的表达式可知，传递函数完全取决于其系数，所以传递函数只与系统本身的内部结构和参数有关，而与输入量、扰动量等外部因素无关，它代表了系统的固有特性。

（3）传递函数是一种运算函数。由 $G(s) = \frac{Y(s)}{R(s)}$ 可得 $Y(s) = G(s) R(s)$，此式表明，若已知一个系统的传递函数 $G(s)$，则对任何一个输入量 $r(t)$，只要以 $R(s)$ 乘以 $G(s)$，即可得到输出量的拉普拉斯变换 $Y(s)$，再经过反变换，就可以求得输出量 $y(t)$。由此可见，$G(s)$ 起着从输入到输出的传递作用，所以称之为传递函数。

（4）传递函数的分母是它所对应的系统的微分方程的特征方程多项式，即 $a_n s^n + a_{n-1} s^{n-1} + \cdots + a_1 s + a_0 = 0$ 是特征方程。而特征方程的根反映了系统动态过程的性质，所以可以通过传递函数来研究系统的动态特性。特征方程的阶次 n 即为系统的阶次。

二、典型信号及其拉普拉斯变换

在自动控制系统中的各种信号具有不同的形式，可以是周期信号，也可以是非周期信号；可以是连续信号，也可以是脉冲信号。为了研究自动控制系统在各种信号作用下的运动规律，我们通常用一些特殊的信号来代表实际系统中的某一类信号，并以将这些特殊信号作为输入量时，系统输出量（也称为响应）的变化规律作为评价系统性能的指标。这些特殊信号也称为典型信号，一般有单位脉冲信号、单位阶跃信号和单位斜坡信号等。

1．单位脉冲信号

单位脉冲信号是一个持续时间无限短、脉冲幅度无限大、信号对时间的积分为1的矩形脉冲信号。即

$$\delta(t) \begin{cases} 0, t < 0, t > \varepsilon \\ \lim_{\varepsilon \to 0} \frac{1}{\varepsilon} \quad 0 \leq t \leq \varepsilon \end{cases}, \quad \int_0^\infty \delta(t) \mathrm{d}t = 1$$

它的拉普拉斯变换为：$R(s) = L[\delta(t)] = 1$。

单位脉冲信号通常用来模拟外界干扰（扰动）信号，而系统的单位脉冲响应通常反映了系统在干扰信号的作用下，受控变量从偏离稳定值到最终恢复至稳定值（或其附近）的运动过程。

2．单位阶跃信号

单位阶跃信号是一个当 $t=0$ 时，信号突然从 0 变化到 1、并且始终保持为 1 的脉冲信号，即

$$u(t) = \begin{cases} 0, & t < 0 \\ 1, & t \geq 0 \end{cases}$$

它的拉普拉斯变换为：$R(s) = L[u(t)] = \dfrac{1}{s}$。

单位阶跃信号通常用来模拟设定值的突然改变，而系统的单位阶跃响应反映了系统在设定值突变以后，受控变量从一个稳定值变化到另一个稳定值的变化过程。系统的单位阶跃响应是评价系统动态过程的一个最常用的指标，因而单位阶跃脉冲也是最常用的典型信号之一。

3. 单位斜坡信号

单位斜坡信号是一个在 $t > 0$ 时随时间增长而线性增长的连续信号，即

$$r(t) = \begin{cases} 0, & t < 0 \\ t, & t \geq 0 \end{cases}$$

它的拉普拉斯变换为：$R(s) = L[r(t)] = \dfrac{1}{s^2}$。

单位斜坡信号通常用来模拟设定值的连续变化，而系统的单位斜坡响应反映了系统在设定值作连续变化时，受控变量跟随设定值的变化而变化的能力，这是评价随动控制系统时最基本的指标之一。

三、典型环节的传递函数

任何一个复杂的系统，总可以看成由一些典型环节组合而成。掌握这些典型环节的特点，可以更加方便地分析较复杂系统内部各单位间的联系。典型环节有比例环节、惯性环节、振荡环节、积分环节、微分环节和延迟环节等。

1. 比例环节

微分方程：$y(t) = kr(t)$

传递函数：$G(s) = k$

比例环节能立即成比例地响应输入量的变化，是自动控制系统中最常见的基本环节。

2. 惯性环节

微分方程：$T\dfrac{\mathrm{d}y(t)}{\mathrm{d}t} + y(t) = r(t)$

传递函数：$G(s) = \dfrac{1}{Ts+1}$

当惯性环节的输入量发生突变时，输出量不能发生突变，而只能按指数规律逐渐变化。这就反映了该环节具有惯性。惯性环节是自动控制系统中常见的一种基本环节。

3. 振荡环节

微分方程：$T^2\dfrac{\mathrm{d}^2 y(t)}{\mathrm{d}t^2} + 2T\zeta\dfrac{\mathrm{d}y(t)}{\mathrm{d}t} + y(t) = r(t)$

传递函数：$G(s) = \dfrac{1}{T^2 s^2 + 2\zeta Ts + 1} = \dfrac{\omega_n^2}{s^2 + 2\zeta\omega_n s + \omega_n^2}$

式中的 $\omega_n = \dfrac{1}{T}$，ζ 称为阻尼比（阻尼系数）。

当 $\zeta = 0$ 时，$y(t)$ 为等幅自由振荡，其振荡频率为 ω_n，ω_n 又称为自由振荡频率。

当 $0 < \zeta < 1$ 时，$y(t)$ 为阻尼振荡，其振荡频率为 ω_d，ω_d 又称为阻尼振荡频率，$\omega_d = \omega_n \sqrt{1 - \xi^2}$。

当 $\zeta \geq 1$ 时，$y(t)$ 为单调上升曲线，并不振荡，此时的振荡环节可以分解为两个相串联的惯性环节。

而当 $\zeta < 0$ 时，$y(t)$ 发散。

在自动控制系统中，如果包含着两种不同形式的贮能元件，这两种元件的能量又能相互交换，在能量的贮存和交换的过程中，就可能出现振荡而构成振荡环节。

4. 积分环节

微分方程：$y(t) = \dfrac{1}{T_I} \int_0^t r(t) \mathrm{d}t$　　（T_I 为积分时间常数）

传递函数：$G(s) = \dfrac{1}{T_I s}$

积分环节的特点是它的输出量为输入量对时间的积累。因此，凡是输出量对于输入量有贮存和积累特点的元件一般都含有积分环节。积分环节也是自动控制系统中常见的一种基本环节。

5. 微分环节

微分方程：$y(t) = T_D \dfrac{\mathrm{d}r(t)}{\mathrm{d}t}$　　（T_D 为微分时间常数）

传递函数：$G(s) = T_D s$

微分环节的输出量与输入量之间的关系正好与积分环节相反。因此，积分环节的逆过程就是微分环节。

6. 延迟环节

微分方程：$y(t) = r(t - \tau_0)$　　（τ_0 为延迟时间）

传递函数：$G(s) = e^{-\tau_0 s}$

延迟环节的特点是当它的输入量发生变化以后，输出量并不立即发生变化，而是要经过时间 τ_0 以后，输出量才发生变化。在许多实际过程中，都包含有延迟环节，或者其特性可以等效为包含有延迟环节。

四、典型环节的频率特性

我们已经知道，在分析控制系统的运动规律时，可以将系统中的各个变量看成一些信号，而这些信号又可以看做是由许多不同频率的正弦信号合成而成的。各个变量的运动就是系统对各个不同频率的信号的响应的总和。对于系统中的某一个环节而言，当输入信号为幅度相同、频率不同的正弦信号时，输出信号的幅度与相位各不相同，而且输出信号的幅度与相位和输入信号的幅度与相位之间的关系，是输入信号频率的函数。这种关系，就是该环节的频率特性。

数学上的研究表明，一个环节频率特性函数，就相当于在该环节的传递函数中，以复频率 $j\omega$ 取代复变量 s。以下我们就利用这一点来求取各典型环节的频率特性。由于频率特性包括幅度与相位两个方面，因此将输出信号与输入信号的幅度之比和频率之间的关系称为幅频特性，以 $|G(j\omega)|$ 表示，而将输出信号相对于输入信号的相位移动与频率之间的关系称为相频特性，以 $\arg G(j\omega)$ 表示。

1. 比例环节

传递函数：$G(s) = k$

频率特性函数：$G(j\omega) = k$

频率特性：$\begin{cases} |G(j\omega)| = k \\ \arg G(j\omega) = 0 \end{cases}$

2. 惯性环节

传递函数：$G(s) = \dfrac{1}{Ts + 1}$

频率特性函数：$G(j\omega) = \dfrac{1}{j\omega T + 1}$

频率特性：$\begin{cases} |G(j\omega)| = \dfrac{1}{\sqrt{\omega^2 T^2 + 1}} \\ \arg G(j\omega) = -\tan^{-1}\omega T \end{cases}$

3. 振荡环节

传递函数：$G(s) = \dfrac{1}{T^2 s^2 + 2\zeta Ts + 1}$

频率特性函数：$G(j\omega) = \dfrac{1}{(j\omega T)^2 + 2\zeta(j\omega T) + 1}$

其中 $T > 0$ 为时间常数，$0 \leqslant \zeta < 1$ 为阻尼系数。

频率特性：$\begin{cases} |G(j\omega)| = \dfrac{1}{\sqrt{(1 - \omega^2 T^2)^2 + 4\zeta^2 \omega^2 T^2}} \\ \arg G(j\omega) = -\tan^{-1}\dfrac{2\zeta\omega T}{1 - \omega^2 T^2} \end{cases}$

4. 积分环节

传递函数：$G(s) = \dfrac{1}{T_I s}$

频率特性函数：$G(j\omega) = \dfrac{1}{j\omega T_I}$

频率特性：$\begin{cases} |G(j\omega)| = \dfrac{1}{\omega T_I} \\ \arg G(j\omega) = -\dfrac{\pi}{2} \end{cases}$

5. 微分环节

传递函数：$G(s) = T_D s$

频率特性函数：$G(j\omega) = j\omega T_D$

频率特性：$\begin{cases} |G(j\omega)| = \omega T_D \\ \arg G(j\omega) = \dfrac{\pi}{2} \end{cases}$

6. 延迟环节

传递函数：$G(s) = e^{-\tau_0 s}$

频率特性函数：$G(j\omega) = e^{-j\omega\tau_0}$

频率特性：$\begin{cases} |G(j\omega)| = 1 \\ \arg G(j\omega) = -\omega\tau_0 \end{cases}$

五、结构图

结构图可以形象地描述自动控制系统中各环节之间和各作用量之间的相互联系，具有简明直观、运算方便的优点，所以结构图在分析自动控制系统时获得了广泛的应用。

（一）结构图的画法

系统结构图的画法，首先是列出系统中各个环节的微分方程，然后进行拉普拉斯变换，根据各变量间的相互关系，确定该环节的输入量和输出量，得出对应的传递函数，再由传递函数画出各环节的结构图。在各环节的基础上，从设定值开始，由左至右，根据相互作用的次序，依次画出各个环节，并使它们符合各作用量之间的关系。然后由内到外，画出各反馈环节，最后在图上标明各作用量和中间变量。这样就可以得到整个系统的结构图。

（二）结构图的化简

自动控制系统的传递函数通常都是利用结构图的变换来求取的，结构图变换的原则是变换后与变换前的输入量和输出量都保持不变。下面介绍结构图变换的规则。

1. 串联变换规则

当系统中有两个或两个以上的环节串联时，其等效传递函数为各环节传递函数的乘积。即

$$G（s）= \frac{Y（s）}{R（s）} = G_1（s）G_2（s）$$

由图中可见，变换前与变换后的输出量相等。

2. 并联变换规则

当系统中有两个或两个以上的环节并联时，其等效传递函数为各环节传递函数的代数和。即

$$G（s）= \frac{Y（s）}{R（s）} = G_1（s）+ G_2（s）$$

3. 引出点和比较点的移动规则

移动规则的出发点是等效原则，即移动前后的输出量保持不变。

（1）引出点前移

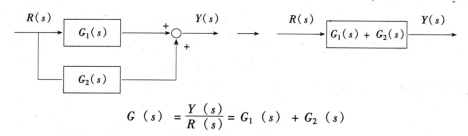

（2）引出点后移

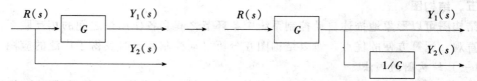

（3）比较点前移

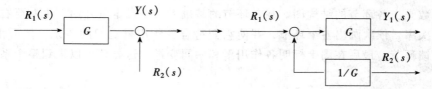

（4）比较点后移

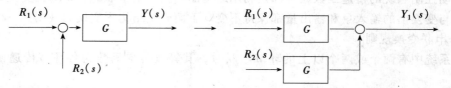

4. 反馈连接变换规则

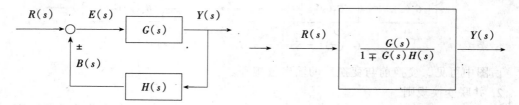

由反馈连接的结构图中可知：

$$E(s) = R(s) \pm B(s)$$

$$B(s) = H(s) Y(s)$$

$$Y(s) = G(s) E(s)$$

由以上三个关系式，消去中间变量 $E(s)$ 和 $B(s)$，得

$$Y(s) = \frac{G(s)}{1 \mp G(s) H(s)} R(s)$$

或

$$\phi(s) = \frac{Y(s)}{R(s)} = \frac{G(s)}{1 \mp G(s) H(s)}$$

上式即为反馈连接的等效传递函数，一般称它为闭环传递函数，式中分母中的加号对应于负反馈，减号对应于正反馈。同时将其分母中的 $G(s) H(s)$ 项称为"闭环系统的开环传递函数"，简称开环传递函数。

【例 1.1】 化简下列方框图，并求传递函数 $\phi(s) = \frac{Y(s)}{R(s)}$。

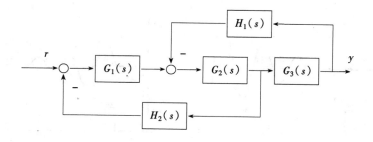

【解】 原图可化简为

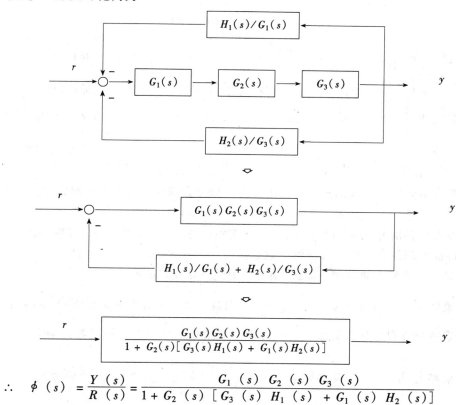

$$\therefore \quad \phi(s) = \frac{Y(s)}{R(s)} = \frac{G_1(s)G_2(s)G_3(s)}{1 + G_2(s)[G_3(s)H_1(s) + G_1(s)H_2(s)]}$$

第三节 稳 定 性 分 析

稳定性是指自动控制系统在受到外界或内部的各种因素的扰动作用，使得平衡状态被破坏以后，经过自动调节，使系统重新回到稳定状态的能力。当系统受到扰动后，偏离了原来的平衡状态，而在扰动消失以后，如果系统不能回到原来的平衡状态，则这种系统是不稳定的，见图 1.2（a）；反之，如果在扰动消失以后，经过系统自身的调节作用，使偏差逐渐减小，最后恢复到平衡状态，那么，这种系统就是稳定的，见图 1.2（b）。

一、系统稳定性与系统数学模型之间的关系

我们已经知道，如果系统的输入量为 $r(t)$，输出量为 $y(t)$，它的运动规律可以由下列微分方程描述：

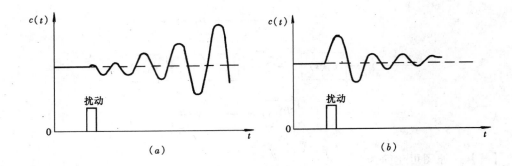

图 1.2 稳定系统与不稳定系统

$$a_n \frac{d^n}{dt^n} y\ (t)\ + a_{n-1} \frac{d^{n-1}}{dt^{n-1}} y\ (t)\ + \cdots + a_1 \frac{d}{dt} y\ (t)\ + a_0 y\ (t)$$

$$= b_m \frac{d^m}{dt^m} r\ (t)\ + b_{m-1} \frac{d^{m-1}}{dt^{m-1}} r\ (t)\ + \cdots + b_1 \frac{d}{dt} r\ (t)\ + b_0 r\ (t)$$

由于系统稳定性研究的是当扰动作用消失以后系统的运动情况，即 $r\ (t)\ = 0$，因此可以将上式简化为：

$$a_n \frac{d^n}{dt^n} y\ (t)\ + a_{n-1} \frac{d^{n-1}}{dt^{n-1}} y\ (t)\ + \cdots + a_1 \frac{d}{dt} y\ (t)\ + a_0 y\ (t)\ = 0$$

这是一个齐次微分方程。我们知道，在求解齐次微分方程时，首先要求解它的特征方程：

$$a_n r^n + a_{n-1} r^{n-1} + \cdots + a_1 r + a_0 = 0$$

它的根一般有四种情况：（1）单实根；（2）重实根；（3）共轭复根；（4）多重共轭复根。

根据特征方程的根与微分方程解函数之间的关系，我们知道：

1．如果特征方程有单实根 $r = \alpha$，则对应的微分方程解函数为 $ce^{\alpha t}$；

2．如果特征方程有 k 重实根 $r_{1,2,\cdots k} = \alpha$，则对应的微分方程解函数为 $\sum_{i=0}^{k-1} c_i t^i e^{\alpha t}$；

3．如果特征方程有共轭复根 $r_{1,2} = \beta \pm j\omega$，则对应的微分方程解函数为 $e^{\beta t}\ (c_1 \sin\omega t + c_2 \cos\omega t)$；

4．如果特征方程有 k 重共轭复根 $r_{1,2,\cdots k} = \beta \pm j\omega$，则对应的微分方程解函数为 $\sum_{i=0}^{k-1} t^i e^{\beta t}(c_{i_1} \sin\omega t + c_{i_2} \cos\omega t)$。

通常，特征方程的根不止一个，这时可以将系统的运动看做是许多运动分量的合成，一个特征方程的根对应于一个运动分量，而微分方程的解函数是所有分量的和。不难理解，在所有的运动分量中，只要有一个分量是发散的，则整个系统的运动也必然是发散的，即系统是不稳定的。我们知道，正弦函数始终是有界的，因此系统是否稳定取决于指数函数。对于指数函数 $y\ (t)\ = e^{\alpha t}$ 而言，由于 t 恒大于零，因此，当 $\alpha > 0$ 时，$y\ (t)$ 发散，即系统不稳定；当 $\alpha < 0$ 时，$y\ (t)$ 收敛，即系统稳定；当 $\alpha = 0$ 时，系统处于临界状态，但是从稳定性的概念来看，系统稳定是指在外界扰动消失以后，系统能够恢复到原来的平衡状态（或其附近），从这个意义上来看，系统处于临界状态仍然是不稳定的。

所以，系统稳定的充分必要条件是：系统微分方程的特征方程的所有实根必须小于零，所有复根的实部也必须小于零，即特征方程的根必须都位于复平面的左半开平面上。

这是判断一个自动控制系统是否稳定的理论根据。

在有关传递函数的讨论中，我们已经知道，传递函数的分母是它所对应的系统的微分方程的特征方程多项式，因此，在求得系统传递函数以后，我们就可以得到系统微分方程的特征方程。设系统的传递函数为：

$$\phi(s) = \frac{Y(s)}{R(s)} = \frac{G(s)}{1 + G(s)H(s)},$$

则它的特征方程为：

$$1 + G(s)H(s) = 0。$$

如果能够求出特征方程所有的根，则很容易判断系统是否稳定。

【例 1.2】 已知 $G(s) = \dfrac{211.2}{s(0.01s+1)(0.02s+1)}$，$H(s) = 1$，求系统的稳定性。

【解】 系统的特征方程为

$$s(0.01s+1)(0.02s+1) + 211.2 = 0$$

$$s^3 + 150s^2 + 5000s + 1.056 \times 10^6 = 0$$

$$(s+160)(s^2 - 10s + 6600) = 0$$

解得

$$s_1 = -160; \quad s_{2,3} = 5 \pm j\sqrt{263}。$$

显然，两个复根的实部大于零，所以系统不稳定。

但是当系统的阶次提高时，其特征方程的次数相应提高，求根会越来越困难。除了采用具有强大数值运算功能的计算机以外，直接求取高次代数方程的根是一件很困难的工作。一般而言，用手工求解四次或四次以上代数方程的根基本上是不可能的。另一方面，我们感兴趣的实际上只是这些根在复平面上的分布情况，而并不需要了解特征方程根的具体数值。从这一点出发，判断一个自动控制系统是否稳定，并不一定要解出特征方程的根，更不需要求解微分方程，而只要从系统的闭环传递函数中得到系统的特征方程，然后判断特征方程的根在复平面上的分布就可以了。于是就出现了一些间接判断特征方程根的分布的方法，这就是下面要讨论的稳定性判据。

二、稳定性判据

间接判断特征方程根的分布的方法很多，以下主要介绍劳斯判据。

令系统的特征方程为：

$$a_n s^n + a_{n-1} s^{n-1} + \cdots + a_1 s + a_0 = 0,$$

则：

1. 如果特征方程缺项，则系统不稳定；
2. 如果特征方程中各项系数异号，则系统不稳定；
3. 如果特征方程不缺项，且各项同号，则在 $a_n > 0$ 的条件下，构造下列表格：

s^n	a_n	a_{n-2}	a_{n-4}	$\cdots$
s^{n-1}	a_{n-1}	a_{n-3}	a_{n-5}	$\cdots$
s^{n-2}	b_n	b_{n-2}	b_{n-4}	
s^{n-3}	c_n	c_{n-2}	$\cdots$	
$\cdots$	$\cdots$	$\cdots$	$\cdots$	

其中：

$$b_n = \frac{a_{n-1}a_{n-2} - a_n a_{n-3}}{a_{n-1}}, \quad b_{n-2} = \frac{a_{n-1}a_{n-4} - a_n a_{n-5}}{a_{n-1}}, \quad \cdots,$$

$$c_n = \frac{a_{n-3}b_n - a_{n-1}b_{n-2}}{b_n}, \quad \cdots,$$

$\cdots,$

如某元素不存在，则代之以 0，直到 $n+1$ 行。在整个表格中，最下面的两行各有 1 列，其上两行各有 2 列，依此类推，最高一行应有（$n+1$）/2 列（n 为奇数），或（$n+2$）/2 行（n 为偶数）。按此方法构造的表格称为劳斯表。

如果劳斯表的第一列各元素均大于零，则特征方程的全部根都位于复平面的左半开平面上，系统稳定。

如果劳斯表第一列各元素不全部大于零，则变号的次数就等于特征方程在复平面的右半开平面上的根的个数。

【例 1.3】 系统同例 1.2，用劳斯判据判断系统稳定性。

【解】 从例 1.2 中已知系统的特征方程为

$$s^3 + 150s^2 + 5000s + 1.056 \times 10^6 = 0$$

得劳斯表

s^3	1	5000
s^2	150	1.056×10^6
s^1	-2040	0
s^0	1.056×10^6	

由于劳斯表第一列中有两次变号，因此特征方程有两个根在复平面的右半开平面上，系统不稳定。

【例 1.4】 求当系统稳定时 K 值的范围。

【解】 由图中可知，$G(s) = \dfrac{K}{s(s^2 + s + 2)}$，$H(s) = 1$，系统的传递函数

$$\phi(s) = \frac{K}{s^3 + s^2 + 2s + K},$$

16

特征方程为

$$s^3 + s^2 + 2s + K = 0$$

可得劳斯表

$$
\begin{array}{lcc}
s^3 & 1 & 2 \\
s^2 & 1 & K \\
s^1 & 2 - K & 0 \\
s^0 & K &
\end{array}
$$

如果系统稳定，则有

$$
\begin{cases}
2 - K > 0 \\
K > 0
\end{cases}
$$

解得　　$0 < K < 2$。

在应用劳斯判据时，可能会出现以下的特殊情况：

1. 劳斯表第一列中的某一元素等于 0

如果在劳斯表第一列中，有某一元素等于 0，那么可以用一个很小的正数 ε 来代替它，继续进行运算，直到各项计算完毕，然后在 ε→0⁺ 的条件下判断第一列中各元素的符号。

2. 劳斯表的某一行各元素全部等于 0

如果在劳斯表的某一行中，各元素项全部等于 0，则说明特征方程有一些根位于虚轴上，系统处于临界状态。如果只是为了判断系统稳定与否，这时就已经可以判定系统不稳定；如果还要进一步求取特征方程其他根的分布情况，则可以利用全 0 行上面一行各元素构造一个辅助多项式，并以这个辅助多项式的导函数的系数代替劳斯表中的这个全 0 行，然后继续计算下去。这些位于虚轴上的根也可以通过求解这个辅助方程得出。

【例 1.5】　已知系统的特征方程为 $s^5 + 2s^4 + 2s^3 + 4s^2 + s + 1 = 0$，判断系统是否稳定。

【解】　从特征方程可得劳斯表

$$
\begin{array}{lccc}
s^5 & 1 & 2 & 1 \\
s^4 & 2 & 4 & 1 \\
s^3 & 0 & 0.5 & 0 \\
 & \downarrow & \downarrow & \downarrow \\
s^3 & \varepsilon & 0.5 & \\
s^2 & 4 - \dfrac{1}{\varepsilon} & 1 & \\
s^1 & 0.5 & & \\
s^0 & 1 & &
\end{array}
$$

∵ ε→0⁺，∴ $4 - \dfrac{1}{\varepsilon} < 0$，∴ 劳斯表第一列变号两次，系统不稳定，特征方程有两个根位于复平面的右半开平面上。实际上，该方程的近似解为 $s_1 = -1.9571$，$s_{2,3} = 0.0686 \pm j1.2736$，$s_{4,5} = -0.0901 \pm j0.5532$。可以看出，通过劳斯表求解的结果是正确的。

【例 1.6】　已知系统的特征方程为 $s^6 + s^5 + 6s^4 + 5s^3 + 9s^2 + 4s + 4 = 0$，判断系统是否稳定。

【解】　从特征方程可得劳斯表

s^6	1	6	9	4
s^5	1	5	4
s^4	1	5	4
s^3	0	0
	↓	↓
s^3	4	10
s^2	2.5	4
s^1	3.6
s^0	4

（辅助方程为 $s^4 + 5s^2 + 4 = 0$，求导后得 $4s^3 + 10s = 0$）

劳斯表第一列各元素均大于零，因此可知特征方程没有根位于复平面的右半开平面上。

位于虚轴上的根可通过求解辅助方程 $s^4 + 5s^2 + 4 = 0$ 得到，$s_{1,2} = \pm j$，$s_{3,4} = \pm j2$，然后可求得特征方程的另外两个根为 $s_{5,6} = -\dfrac{1}{2} \pm j\dfrac{\sqrt{3}}{2}$。由此可见，在特征方程的六个根中，四个位于虚轴上，两个位于复平面的左半开平面上，没有根位于复平面的右半开平面上，这与劳斯表的判断一致。

第四节　稳态特性分析

从上一节我们已经知道，如果一个控制系统是稳定的，则在外界作用（给定值或扰动）消失后，经过一段时间就可以认为它的过渡过程已经结束，系统进入稳定状态，即稳态。系统在稳态下的精度，是系统的一项重要的技术指标，通常用稳态下系统输出量的期望值与实际值之间的差来衡量。如果这个差是常数，则称为稳态误差（静态误差）。稳态误差必须在允许范围内系统才有实用价值。

不稳定的系统是不可能进入稳态的，因此也就谈不上有什么稳态误差。所以我们讨论稳态误差时所指的系统都是稳定的系统。

一、稳态误差的定义

系统的稳态误差不仅与系统的结构、参数有关，而且还与外界作用量的大小、变化规律和作用点有关。

在图 1.3 所示的控制系统框图中，有

$$E(s) = \frac{R(s)}{1 + G(s)H(s)} = \frac{R(s)}{1 + G_0(s)}$$

其中，$G_0(s) = G(s)H(s)$ 称为闭环系统的开环传递函数。

通常，我们以偏差信号 $E(s)$ 为零作为系统的输出量等于期望值的标志。同样，如果 $E(s)$ 不等于零，则它在时间趋向于无穷时的值就定义为稳态误差：

$$e_{ss} = \lim_{t \to +\infty} e(t) = \lim_{s \to 0} SE(S) = \lim_{s \to 0} \frac{sR(s)}{1 + G_0(s)}$$

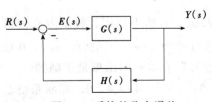

图 1.3　系统的稳态误差

这里用到了拉普拉斯变换中的终值定理，详见附录。

二、稳态误差系数

控制系统的稳态误差随着输入信号的不同而不同，因此在评价控制系统的稳态误差时，就需要规定一些典型信号。常用的典型信号有：

单位阶跃函数 $\qquad r(t) = \begin{cases} 0, & t < 0 \\ 1, & t \geq 0 \end{cases}$

单位斜坡函数 $\qquad r(t) = \begin{cases} 0, & t < 0 \\ t, & t \geq 0 \end{cases}$

单位抛物线函数 $\qquad r(t) = \begin{cases} 0, & t < 0 \\ \dfrac{1}{2} t^2, & t \geq 0 \end{cases}$

它们的拉普拉斯变换分别为 $\dfrac{1}{s}$，$\dfrac{1}{s^2}$，和 $\dfrac{1}{s^3}$。

在上述稳态误差的定义式中，分别将输入信号用三种典型函数代入，有：

单位阶跃函数，$R(s) = \dfrac{1}{s}$，则

$$e_{ss} = \lim_{s \to 0} \frac{sR(s)}{1 + G_0(s)} = \lim_{s \to 0} \frac{1}{1 + G_0(s)}$$

单位斜坡函数，$R(s) = \dfrac{1}{s^2}$，则

$$e_{ss} = \lim_{s \to 0} \frac{sR(s)}{1 + G_0(s)} = \lim_{s \to 0} \frac{1}{sG_0(s)}$$

单位抛物线函数，$R(s) = \dfrac{1}{s^3}$，则

$$e_{ss} = \lim_{s \to 0} \frac{sR(s)}{1 + G_0(s)} = \lim_{s \to 0} \frac{1}{s^2 G_0(s)}$$

现在，我们令：

$K_p = \lim\limits_{s \to 0} G_0(s)$ 为稳态位置误差系数；

$K_v = \lim\limits_{s \to 0} s G_0(s)$ 为稳态速度误差系数；

$K_a = \lim\limits_{s \to 0} s^2 G_0(s)$ 为稳态加速度误差系数；

代入以上各式，有：

单位阶跃输入：$e_{ss} = \lim\limits_{s \to 0} \dfrac{1}{1 + K_p}$

单位斜坡输入：$e_{ss} = \lim\limits_{s \to 0} \dfrac{1}{K_v}$

单位抛物线输入：$e_{ss} = \lim\limits_{s \to 0} \dfrac{1}{K_a}$

三、稳态误差与系统结构之间的关系

下面我们进一步考虑稳态误差与系统结构之间的关系。

将系统的开环传递函数写成一般形式：

$$G_0(s) = \frac{b_m s^m + b_{m-1} s^{m-1} + \cdots + b_1 s + b_0}{a_n s^n + a_{n-1} s^{n-1} + \cdots + a_1 s + a_0} = \frac{K(t_1 s + 1)(t_2 s + 1) \cdots (t_m s + 1)}{s^r (T_1 s + 1)(T_2 s + 1) \cdots (T_n s + 1)}$$

式中 K 是开环比例系数，分母中的因子 s^r 表示系统中含有 r 个积分环节。今后我们就按照 $r = 0，1，2，\cdots$ 分别称系统为 0 型，1 型，2 型，$\cdots$。实际上，$r \geqslant 3$ 的系统极少遇到，这是因为当系统中的积分环节超过两个以后，要使系统稳定是很困难的。因此我们只研究 0 型、1 型和 2 型系统。

将 $G_0(s)$ 的表达式代入稳态误差系数的定义式中，可分别得到

$$K_p = \lim_{s \to 0} \frac{K}{s^r}$$

$$K_v = \lim_{s \to 0} \frac{K}{s^{r-1}}$$

$$K_a = \lim_{s \to 0} \frac{K}{s^{r-2}}$$

对于 0 型系统（$r = 0$）、1 型系统（$r = 1$）和 2 型系统（$r = 2$），可分别求出稳态误差系数，见表 1.1。再根据这些稳态误差系数，可以分别求出输入信号为单位阶跃函数、单位斜坡函数和单位抛物线函数时的稳态误差，见表 1.2。

0 型、1 型和 2 型系统的稳态误差系数 　　表 1.1

误差系数 系统类型	稳态位置误差系数 K_p	稳态速度误差系数 K_v	稳态加速度误差系数 K_a
0 型系统	K	0	0
1 型系统	∞	K	0
2 型系统	∞	∞	K

系统的稳态误差 　　表 1.2

稳态误差　　输入信号 系统类型	单位阶跃函数 $r(t) = 1$	单位斜坡函数 $r(t) = t$	单位抛物线函数 $r(t) = \frac{1}{2}t^2$
0 型系统	$\dfrac{1}{1+K}$	∞	∞
1 型系统	0	$\dfrac{1}{K}$	∞
2 型系统	0	0	$\dfrac{1}{K}$

由表 1.2 中可以看出，在开环传递函数中不含积分单元的 0 型系统在阶跃输入信号下必有稳态误差，这类系统称为有差系统。对于有差系统，只要在保证系统稳定的前提下增大系统的开环比例系数 K，就可以使稳态误差减小。这一点也为设计系统时提供了一个选择开环比例系数的依据。至于在开环传递函数中包含积分环节的 1 型系统和 2 型系统，它们在阶跃信号下没有稳态误差，这类系统称为无差系统。

显然，0 型系统不能用来跟踪恒速变化的信号，1 型系统能够跟踪恒速变化的信号，但有稳态误差。换句话说，输出量与输入量以同一速度变化，但是总"落后"一个固定的量。

从表 1.2 中还可以看出，0 型和 1 型系统都不能跟踪恒加速度信号，而 2 型系统能跟踪，但有稳态误差。即输出量与输入量以同样的加速度变化，但输出量总是落后输入量一

个"固定"的量。图 1.4 和图 1.5 分别为 1 型系统对单位斜坡信号的响应和 2 型系统对单位抛物线信号的响应。

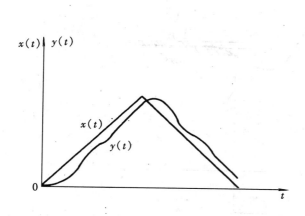

图 1.4　1 型系统的单位斜坡响应

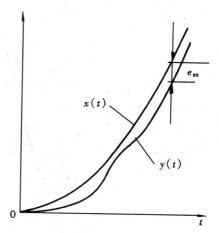

图 1.5　2 型系统的单位抛物线响应

第五节　动态特性分析

一个控制系统除了稳态误差要满足一定的要求以外，对控制信号的响应过程也要满足一定的要求。这些要求表现为动态性能指标。研究系统动态性能的前提条件是系统稳定。

在大多数情况下，为了分析研究的方便，最经常采用的典型输入信号是单位阶跃函数，并且在零初始条件下进行研究。线性控制系统在零初始条件和单位阶跃信号输入下的响应过程曲线称为系统的阶跃响应曲线。

一、阶跃响应的几个动态指标

典型的阶跃响应曲线如图 1.6 所示，各项动态指标也示于图中。

1. 超调量　对于图 1.6 所示的振荡性的响应过程，响应曲线第一次越过稳态值达到峰值时，越过部分的幅度与稳态值之比称为超调量，记作 σ，即 $\sigma\%$（$=\sigma\cdot100\%$）。

$$\sigma\% = \frac{y_{\max} - y(\infty)}{y(\infty)} \times 100\%$$

式中，$y(\infty)$ 表示响应曲线的稳态值，$y_{\max}$ 表示峰值，σ 常用百分数来表示。

对于非振荡性的响应过程，其超调量等于零。

2. 上升时间　指响应曲线首次从稳态值的 10% 变化到 90% 所需的时间，记作 t_r。

3. 峰值时间　指响应曲线第一次到达峰值的时间，记作 t_p。

对于非振荡性的响应过程，其峰值时间没有意义。

4. 过渡过程时间　指响应曲线最后进入偏离稳态值误差为 ±5% 的范围，并且不再越出这个范围的时间，记作 t_s。过渡过程时间也称为调节时间。

5. 延迟时间　指响应曲线首次到达稳态值的一半所需的时间，记作 t_d。

6. 振荡次数　指响应曲线在 t_s 之前在稳态值上下振荡的次数，记作 n。

对于非振荡性的响应过程，其振荡次数没有意义。

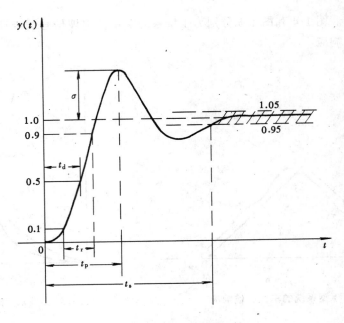

图 1.6 典型阶跃响应曲线

应当指出，上述各动态指标并不是孤立的，而是相互联系、相互牵制、相互矛盾的。一般说来，在改善一些指标的同时，另一些指标将变坏。因此，在调整系统动态性能指标时，常常会发生顾此失彼的现象。通常，我们习惯于将超调量 σ 和调节时间 t_s 作为主要的动态性能指标。另外，在一些要求控制系统对外界作用做出迅速反应的场合，也同时将上升时间 t_r 作为重要的动态性能指标。

二、一阶系统的阶跃响应

一阶惯性环节的传递函数为

$$G(s) = \frac{1}{Ts + 1},$$

在单位阶跃输入信号的作用下，它的阶跃响应为：

$$Y(s) = R(s) G(s) = \frac{1}{S} \cdot \frac{1}{Ts+1} = \frac{1}{s(Ts+1)} = \frac{1}{T} \cdot \frac{1}{s\left(s + \frac{1}{T}\right)}$$

$$\therefore y(t) = 1 - e^{-\frac{t}{T}}$$

从上式可以看出，一阶惯性环节的阶跃响应是一个非振荡性的、单调上升的函数。为了得到各时刻阶跃响应的值，可以将 $t = 0$、T、$2T$、$3T$、$4T$、…分别代入，得

$y(0) = 0$，$y(T) = 0.632$，$y(2T) = 0.86$，$y(3T) = 0.95$，$y(4T) = 0.98$，……，$y(\infty) = 1$。

据此可以画出它的图形如图 1.7。

显然，时间常数 T 是一阶惯性环节阶跃响应的主要特性参数，它决定了阶跃响应曲线的形状和动态指标的值。

时间常数 T 的物理意义有两个：

1. 时间常数 T 表示在经过了时间 T 以后，一阶惯性环节阶跃响应的值达到稳态值的

63.2% ;

2. 将 $y(t)$ 求导并令 $t = 0$，可得

$$\left.\frac{\mathrm{d}y(t)}{\mathrm{d}t}\right|_{t=0} = \left.\frac{1}{T}e^{-\frac{t}{T}}\right|_{t=0} = \frac{1}{T},$$

即时间常数 T 是阶跃响应曲线在 $t = 0$ 处的切线斜率的倒数。

根据上述动态指标的定义，我们可以求得一阶惯性环节阶跃响应的各项动态性能指标：上升时间 $t_r = 2.2T$，调节时间 $t_s = 3T$，延迟时间 $t_d = 0.69T$，超调量 $\sigma\% = 0$。

三、二阶系统的阶跃响应

二阶振荡环节的传递函数为：

$$G(s) = \frac{\omega_n^2}{s^2 + 2\zeta\omega_n s + \omega_n^2}$$

其中 ζ 为阻尼系数，ω_n 为自由振荡频率。

在单位阶跃输入信号的作用下，它的阶跃响应为：

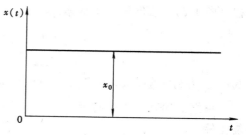

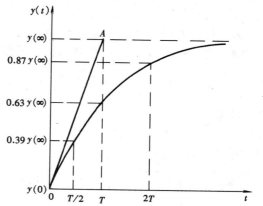

图 1.7　一阶惯性环节的阶跃响应

$$Y(s) = R(s)G(s) = \frac{\omega_n^2}{s(s^2 + 2\zeta\omega_n s + \omega_n^2)}$$

我们知道，当阻尼系数 $\zeta > 1$、$\zeta = 1$、$0 < \zeta < 1$、$\zeta \geqslant 1$ 时，它的运动规律是不一样的。其中当 $\zeta \leqslant 0$ 时，系统不稳定。因此我们只讨论 $\zeta > 1$、$\zeta = 1$ 和 $0 < \zeta < 1$ 三种情况。

1. $\zeta > 1$

此时系统处于过阻尼状态，阶跃响应为一个非振荡性过程，输出函数为：

$$y(t) = 1 - \frac{\zeta + \sqrt{\zeta^2 - 1}}{2\sqrt{\zeta^2 - 1}}\exp[-(\zeta - \sqrt{\zeta^2 - 1})\omega_n t] + \frac{\zeta - \sqrt{\zeta^2 - 1}}{2\sqrt{\zeta^2 - 1}}\exp(\zeta + \sqrt{\zeta^2 - 1})\omega_n t]$$

当 $\zeta \gg 1$ 时，有

$$y(t) \approx 1 - \exp[-(\zeta - \sqrt{\zeta^2 - 1})\omega_n t],$$

此时，二阶振荡环节近似等于一个一阶惯性环节，它的时间常数

$$T = \frac{1}{(\zeta - \sqrt{\zeta^2 - 1})\omega_n},$$

其他动态性能指标可以按照一阶惯性环节的规律进行计算。

2. $\zeta = 1$

此时系统处于临界阻尼状态，阶跃响应仍然是一个非振荡性过程，输出函数为：

$$y(t) = 1 - e^{-\omega_n t}(1 + \omega_n t)$$

3. $0 < \zeta < 1$

$0 < \zeta < 1$ 是二阶振荡环节最常见的一种情况，此时系统的阶跃响应是一个衰减振荡过

程（图 1.6），它的输出函数为：

$$y(t) = 1 - \frac{e^{-\zeta\omega_n t}}{\sqrt{1-\zeta^2}}\sin\left(\omega_n\sqrt{1-\zeta^2}\,t + \varphi\right)$$

其中 φ 为初相角，$\varphi = \tan^{-1}\dfrac{\sqrt{1-\zeta^2}}{\zeta} = \sin^{-1}\sqrt{1-\zeta^2} = \cos^{-1}\zeta$。

根据上述动态指标的定义，可以分别计算出二阶振荡环节在 $0 < \zeta < 1$ 时的各项动态性能指标。

（1）上升时间 t_r

为了计算方便，我们在这里将上升时间 t_r 定义为输出量从零首次到达稳态值所需要的时间。将 $t = t_r$，$y(t_r) = 1$ 代入输出函数表达式，得

$$1 = 1 - \frac{e^{-\zeta\omega_n t_r}}{\sqrt{1-\zeta^2}}\sin\left(\omega_n\sqrt{1-\zeta^2}\,t_r + \varphi\right)$$

因为

$$e^{-\zeta\omega_n t_r} \neq 0,$$

所以

$$\sin\left(\omega_n\sqrt{1-\zeta^2}\,t_r + \varphi\right) = 0, \quad 或，\quad \omega_n\sqrt{1-\zeta^2}\,t_r + \varphi = k\pi, \quad k = 0, \pm 1, \pm 2, \cdots$$

$$\therefore t_r = \frac{k\pi - \varphi}{\omega_n\sqrt{1-\zeta^2}}$$

根据定义，t_r 为输出量从零首次到达稳态值所需要的时间，因此取 $k = 1$，得

$$t_r = \frac{\pi - \varphi}{\omega_n\sqrt{1-\zeta^2}}$$

如要计算从稳态值的 10% 上升到 90% 所需的时间，则可以用以下的近似公式来计算：

$$t_r \approx \frac{0.8 + 2.5\zeta}{\omega_n} \quad （一阶近似）\quad 0 < \zeta < 1$$

$$t_r \approx \frac{1 - 0.4167\zeta + 2.917\zeta}{\omega_n} \quad （二阶近似）\quad 0 < \zeta < 1$$

（2）峰值时间 t_p

将输出函数的表达式对 t 求导，并令 $y'(t) = 0$，得

$$\omega_n e^{-\zeta\omega_n t}\left[\frac{\zeta}{\sqrt{1-\zeta^2}}\sin\left(\sqrt{1-\zeta^2}\,\omega_n t + \varphi\right) - \cos\left(\sqrt{1-\zeta^2}\,\omega_n t + \varphi\right)\right] = 0$$

即

$$\frac{\zeta}{\sqrt{1-\zeta^2}}\sin\left(\sqrt{1-\zeta^2}\,\omega_n t + \varphi\right) = \cos\left(\sqrt{1-\zeta^2}\,\omega_n t + \varphi\right)$$

$$\tan\left(\sqrt{1-\zeta^2}\,\omega_n t + \varphi\right) = \frac{\sqrt{1-\zeta^2}}{\zeta}$$

因为

$$\varphi = \tan^{-1}\frac{\sqrt{1-\zeta^2}}{\zeta}$$

所以

$$\frac{\sqrt{1-\zeta^2}}{\zeta} = \tan\varphi$$

$$\therefore \ \tan\left(\sqrt{1-\zeta^2}\,\omega_n t + \varphi\right) = \tan\varphi$$

$$\therefore \ \sqrt{1-\zeta^2}\,\omega_n t + \varphi = \varphi + k\pi \quad k = 0, \ \pm 1, \ \pm 2, \cdots$$

$$\therefore \ t = \frac{k\pi}{\omega_n \sqrt{1-\zeta^2}} \qquad k = 0, \ 1, \ 2, \cdots$$

根据峰值时间的定义，取 $k=1$，得

$$t_p = \frac{\pi}{\omega_n \sqrt{1-\zeta^2}}$$

（3）超调量 $\sigma\%$

在知道了峰值时间以后，只要将峰值时间的值代入输出函数的表达式，可以求得峰值的大小。根据超调量的定义，将峰值减去稳态值，即可求得超调量。即

$$\sigma = y(t_p) - 1 = 1 - \frac{e^{-\zeta\omega_n \cdot \frac{\pi}{\omega_n\sqrt{1-\zeta^2}}}}{\sqrt{1-\zeta^2}} \sin\left(\omega_n\sqrt{1-\zeta^2} \cdot \frac{\pi}{\omega_n\sqrt{1-\zeta^2}} + \varphi\right) - 1$$

$$= \frac{e^{-\frac{\zeta\pi}{\sqrt{1-\zeta^2}}}}{\sqrt{1-\zeta^2}} \sin\varphi = \frac{e^{-\frac{\zeta\pi}{\sqrt{1-\zeta^2}}}}{\sqrt{1-\zeta^2}} \cdot \sqrt{1-\zeta^2} = e^{-\frac{\zeta\pi}{\sqrt{1-\zeta^2}}} = \exp\left(-\frac{\zeta\pi}{\sqrt{1-\zeta^2}}\right)$$

$$\therefore \quad \sigma\% = \exp\left(-\frac{\zeta\pi}{\sqrt{1-\zeta^2}}\right) \times 100\%$$

（4）调节时间 t_s

同样，根据调节时间的定义，我们可以写出以下的不等式

$$|y(t_s) - y(\infty)| \leqslant 0.05 y(\infty)$$

令 $y(\infty) = 1$ 并将输出函数的表达式代入，可得

$$\left| \frac{e^{-\zeta\omega_n t_s}}{\sqrt{1-\zeta^2}} \sin\left(\omega_n\sqrt{1-\zeta^2}\,t_s + \varphi\right) \right| = 0.05$$

要从上式直接求得 t_s 是很困难的，这是因为二阶振荡环节在欠阻尼情况下，它的调节时间是一个分段函数，难以用一个数学表达式来表示。通常我们采用以下的公式来近似计算调节时间 t_s：

$$t_s = \begin{cases} \dfrac{3.2}{\zeta\omega_n} & 0 < \zeta < 0.69 \\[2mm] \dfrac{2.8 + 6.1(\zeta - 0.7)}{\omega_n} & \zeta \geqslant 0.69 \end{cases}$$

在图 1.8 中可以看到 t_s 和 $\sigma\%$ 随 ζ 变化的情形。

从以上四个动态性能指标的表达式中，我们可以看到，上升时间 t_r、峰值时间 t_p 和调节时间 t_s 都是阻尼系数 ζ 和自由振荡频率 ω_n 两者的函数，但是超调量 $\sigma\%$ 只与阻尼系数 ζ 有关，而与自由振荡频率 ω_n 无关。根据这一特点可以在调整系统动态特性指标时，在超调量 $\sigma\%$ 与上升时间 t_r、峰值时间 t_p 和调节时间 t_s 之间取得较好的平衡。

【例 1.7】 已知闭环系统的传递函数为

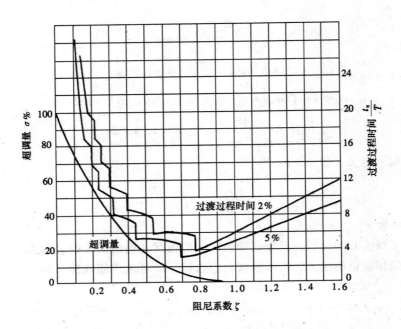

图 1.8 超调量 $\sigma\%$ 和调节时间 t_s 与阻尼系数 ζ 之间的关系

$$G\,(s)\,=\frac{1}{0.04s^2+0.2s+1}$$

求该系统的阶跃响应的各项动态指标。

【解】 将 $G\,(s)$ 化为标准形式,有

$$G\,(s)\,=\frac{25}{s^2+5s+25}$$

可得 $\omega_n=5$, $\zeta=0.5$。代入公式,得

$$t_r=\frac{\pi-\varphi}{\omega_n\sqrt{1-\zeta^2}}=\frac{\pi-\cos^{-1}0.5}{5\sqrt{1-0.5^2}}=0.484 \qquad 或$$

$$t_r=\frac{0.8+2.5\zeta}{\omega_n}=\frac{0.8+2.5\times0.5}{5}=0.41 \text{(一阶近似)} \qquad 或$$

$$t_r=\frac{1-0.4167\zeta+2.917\zeta^2}{\omega_n}=\frac{1-0.4167\times0.5+2.917\times0.5^2}{5}=0.304 \text{(二阶近似)}$$

$$\sigma\%=\exp\left(-\frac{\zeta\pi}{\sqrt{1-\zeta^2}}\right)\times100\%=\exp\left(-\frac{0.5\pi}{\sqrt{1-0.5^2}}\right)\times100\%=16.3\%$$

$$t_p=\frac{\pi}{\omega_n\sqrt{1-\zeta^2}}=\frac{\pi}{5\sqrt{1-0.5^2}}=0.726$$

$$t_s=\frac{3.2}{\zeta\omega_n}=1.28$$

【例 1.8】 已知一二阶振荡环节的超调量 $\sigma\%=7\%$,上升时间 $t_r=1.5$,求该环节的

传递函数 $G\,(s)=\dfrac{\omega_n^2}{s^2+2\zeta\omega_n s+\omega_n^2}$。

【解】　已知 $\sigma\% = 7\%$，即 $\exp\left(-\dfrac{\zeta\pi}{\sqrt{1-\zeta^2}}\right) = 0.07$，

$$\therefore -\frac{\zeta\pi}{\sqrt{1-\zeta^2}} = \ln 0.07, \text{ 解得}$$

$$\zeta = \pm\frac{\ln 0.07}{\sqrt{\pi^2 + (\ln 0.07)^2}} = \pm 0.646 。$$

$\because 0 < \zeta < 1, \quad \therefore \zeta = 0.646$

又，已知 $t_r = 1.5$，即 $\dfrac{\pi - \varphi}{\omega_n\sqrt{1-\zeta^2}} = 1.5$，将 $\zeta = 0.646$，$\varphi = \cos^{-1}\zeta$ 代入，得

$$\frac{\pi - \cos^{-1}0.646}{\omega_n\sqrt{1-0.646^2}} = 1.5, \text{ 解得}$$

$$\omega_n = \frac{\pi - \cos^{-1}0.646}{1.5\sqrt{1-0.646^2}} = 1.985$$

$$\therefore G(s) = \frac{\omega_n^2}{s^2 + 2\zeta\omega_n s + \omega_n^2} = \frac{1.985^2}{s^2 + 2\times 0.646\times 1.985 s + 1.985^2} = \frac{3.94}{s^2 + 2.565 s + 3.94}$$

第二章 控制系统设计

第一节 控制系统的性能指标

控制系统在运行过程中有两种状态。一种是稳态，此时系统没有受到任何外来干扰，同时设定值保持不变，被调量也保持不变，整个系统处于稳定平衡的状况。另一种是动态，当系统受到外来干扰的影响，或者改变了设定值，原来的稳态受到破坏，系统中各个环节的输入、输出量都发生变化，被调量也随之偏离原来的稳态值，而随时间发生变化，这时系统处于动态。如果系统是稳定的，则经过一段时间的调节后，被调量会重新回到原来的稳态值或其附近（扰动为外来干扰），或者到达另一个新的稳态值（扰动为设定值改变），这时系统就重新回到了稳态。这种从一个稳态到另一个稳态的过程称为过渡过程，也称为暂态过程。显然，系统在运行中总是会不断地受到外来干扰的影响，同时设定值也会根据人们不同的要求进行调节，因此系统经常是处于动态过程中。显然，要评价一个控制系统，除了评价它的稳态指标以外，更重要的是要评价它的动态指标，即在过渡过程中被调量随时间变化的情况。

评价控制系统的性能指标要根据生产过程对控制的要求来确定，这些要求可以概括为稳定性、准确性和快速性。这三方面的要求可以用一些具体的性能指标来表示。图 2.1 表示一个闭环控制系统在设定值扰动为阶跃变化时的被调量变化过程（即被调量的阶跃响应）。该曲线的形态可以用一些指标来描述，它们是衰减比（及衰减率）、最大动态误差（及超调量）、残余偏差、调节时间（及振荡频率）等。

一、衰减比和衰减率

衰减比是衡量一个振荡过程衰减程度的指标，它等于两个相邻同向波峰值之比（见图 2.1），即

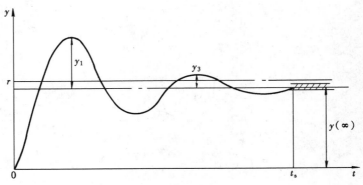

图 2.1　闭环控制系统的阶跃响应

$$\text{衰减比} \quad n = \frac{y_1}{y_3}$$

衡量振荡过程衰减程度的另一个指标是衰减率，它是指每经过一个周期后，波动幅度衰减的百分数，即

$$\text{衰减率} \quad \psi = \frac{y_1 - y_3}{y_1}$$

衰减比与衰减率两者之间有简单的对应关系，如衰减比 $n = 4:1$ 就相当于衰减率 $\psi = 0.75$。为了保证控制系统具有良好的动态特性，一般要求衰减比为 4:1 到 10:1，这相当于衰减率为 0.75 到 0.9。这样，在经过大约两个周期以后，就看不出振荡了。

二、最大动态偏差和超调量

最大动态偏差是指被调量的阶跃响应中，过渡过程开始后的第一个波峰超过其新稳态值的幅度，如图 2.1 中的 y_1。最大动态偏差占被调量稳态变化幅度的百分数称为超调量。对于二阶振荡过程而言，超调量与衰减率有严格的对应关系。但是一般说来，实际过程并不是真正的二阶振荡过程，因此超调量只能近似地反映过渡过程的衰减程度。最大动态偏差是衡量控制系统动态准确性的一种指标，一般应控制在 5% ~ 10% 左右。

三、残余偏差

残余偏差是指过渡过程结束后，被调量新的稳态值 $y(\infty)$ 与原设定值 r 之间的差值，它是控制系统稳态准确性的衡量指标。

四、调节时间和振荡频率

调节时间是从过渡过程开始到结束所需的时间。理论上它需要无限长的时间，但一般认为当被调量进入其稳态值 ±5% 的范围内时，过渡过程就已经结束了。因此调节时间就是从扰动开始到被调量进入新的稳态值 ±5% 范围内的这段时间，在图 2.1 中以 t_s 表示。调节时间是衡量控制系统快速性的一个指标。

另外，过渡过程的振荡频率也可以作为衡量控制系统快速性的指标。

以上四项都是单项性的指标。除此之外，我们还经常用误差积分指标来衡量控制系统的性能。误差积分是指将过渡过程中被调量偏离其新稳态值的误差沿时间轴的积分。无论误差幅度增大，或者过渡过程时间延长，都会使误差积分增大，因此它是一种综合指标，希望它越小越好。误差积分可以有各种不同的形式，常见的有以下几种：

1．误差积分（IE）

$$\text{IE} = \int_0^\infty e(t)\mathrm{d}t$$

2．绝对值误差积分（IAE）

$$\text{IAE} = \int_0^\infty \mid e(t) \mid \mathrm{d}t$$

3．平方误差积分（ISE）

$$\text{ISE} = \int_0^\infty e^2(t)\mathrm{d}t$$

4．时间与绝对值误差积分（ITAE）

$$\int_0^\infty t \mid e(t) \mid \mathrm{d}t$$

以上各式中的 $e(t) = y(t) - y(\infty)$，见图 2.1。

在这四种误差积分中，其衡量控制系统性能的侧重点各有不同，应当根据系统不同的实际需要来分别选用。一般说来，ISE 侧重于最大动态偏差，而 ITAE 侧重于调节时间，IAE 则同时兼顾最大动态偏差和调节时间两项指标。至于 IE，当过渡过程中被调量衰减程度很小时，由于振荡的正负半周大致相等，IE 的值反而很小；而在发生等幅振荡时，IE 的值却等于零，这些都是极不合理的。因此，在实际应用中，一般只采用 IAE、ISE 和 ITAE指标。

第二节 被控对象的动态特性

在楼宇自动化系统中，被控对象通常是换热器、冷却塔、压缩机、水泵、风机、锅炉等，其中所涉及的过程几乎离不开物质或者能量的流动，而被调量则为温度、湿度、压力、流量和液位等。尽管被控对象内部的物理、化学过程各不相同，但是，各被调量的变化规律却是相似的。其主要特点有：

一、被控对象的动态特性是不振荡的

被控对象的阶跃响应通常是单调曲线，与电气系统和机械系统相比较，被调量的变化比较缓慢。如果以一阶惯性环节来近似，其时间常数 τ 可以长达几分钟甚至几十分钟。从控制的角度来看，被控对象的动态特性不振荡、被调量变化比较缓慢，都是对控制有利的。

二、被控对象的动态特性有明显的滞后现象

在楼宇自动化系统中，大部分被控对象的动态特性都表现出明显的滞后现象。这主要表现为当设定值发生变化后，尽管执行机构相应动作，但是被调量并不马上发生变化，而是要经过一段延迟时间后才发生变化。滞后现象的原因主要是因为被控对象中有多个惯性环节存在，其数量少则几个，多则十几个甚至几十个。正是这些串联的惯性环节造成了滞后现象。另外，有些被控对象还具有传输延迟。从控制的角度来看，滞后现象的存在对控制是不利的，具有大滞后的对象一般是很难控制的，需要采用专门的控制算法（如史密斯预估算法等）。

三、被控对象本身是稳定的或中性稳定的

有些被控对象，在外界扰动的影响下，被调量发生变化，偏离了原来的稳态值。但是被调量的变化会自动趋向于一个新的稳态值，即被控对象会自动达到一个新的平衡状态，而不是进入不稳定状态。这种特性称为自平衡，具有这种特性的被控对象称为自衡过程。例如在房间内打开电加热器，房间温度将上升，但是不会无限制地升高，而是逐渐稳定在一个新的、较高的温度上。在楼宇自动化系统中，大部分温度、湿度、压力和流量对象都是自衡的。

另外一些被控对象，在原有的平衡关系被破坏以后，不平衡量保持不变，因此被调量将以固定的速度一直变化下去，而不会自动到达新的平衡状态；但是也不会随着被调量偏离原来稳态值越来越远，不平衡量变化得越来越快。这种被控对象不具有自平衡特性，称为非自衡过程。它是中性稳定的，只有在经过了相当长的时间以后，被调量才会发生显著的变化。在楼宇自动化系统中，液位对象一般是非自衡的。

从控制的角度来看，无论是自衡过程，还是中性稳定的非自衡过程，都是比较容易控制的，也就是说，能够用比较简单的控制算法得到较好的控制效果。

以下是楼宇自动化系统中一些常见的被控对象传递函数：

一、自衡过程

1. 一阶惯性环节加纯滞后

$$G(s) = \frac{Ke^{-\tau s}}{Ts + 1}$$

2. 二阶或 n 阶惯性环节加纯滞后

$$G(s) = \frac{Ke^{-\tau s}}{(T_1 s + 1)(T_2 s + 1)}, \quad 或$$

$$G(s) = \frac{Ke^{-\tau s}}{(Ts + 1)^n}$$

二、非自衡过程

1. 积分环节加纯滞后

$$G(s) = \frac{Ke^{-\tau s}}{T_a s}$$

2. 积分环节加一阶惯性环节加纯滞后

$$G(s) = \frac{Ke^{-\tau s}}{T_a s(Ts + 1)}$$

其中 T、T_1、T_2 分别为惯性环节的时间常数，T_a 为积分时间常数，τ 为滞后时间，K 为放大倍数。

第三节　确定被控对象传递函数的几种方法

确定被控对象传递函数的基本方法有两种，即解析法和测试法。

一、解析法

用解析法确定传递函数，就是根据被控对象中实际发生的物理、化学过程，写出各种有关的平衡方程和运动方程，如物质平衡方程、能量平衡方程、动量平衡方程、相平衡方程和反映流体流动、传热、传质、化学反应等基本规律的运动方程，以及有关设备的特性方程等，从中获得被控对象的传递函数。

【例 2.1】　在一 RLC 串联回路中，以电源电压 e 为输入，电容器两端的电压 V_c 为输出，求传递函数 $G(s) = \dfrac{V_c(s)}{E(s)}$。

【解】　由图中可知

$$V_R + V_L + V_C = e$$

即

$$iR + L\frac{\mathrm{d}i}{\mathrm{d}t} + \frac{1}{C}\int i\mathrm{d}t = e$$

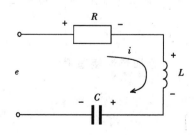

$$\because \quad i = C\frac{dv_C}{dt}, \frac{di}{dt} = C\frac{d^2v_C}{dt}, \int i\,dt = Cv_C,$$

$$\therefore \quad LC\frac{d^2v_C}{dt} + RC\frac{dv_C}{dt} + v_C = e$$

对上式进行拉普拉斯变换，得

$$LCs^2V_C(s) + RCsV_C(s) + V_C(s) = E(s)$$

$$\therefore \quad G(s) = \frac{V_C(s)}{E(s)} = \frac{1}{LCs^2 + RCs + 1}$$

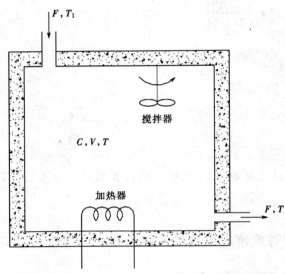

【例2.2】 已知：一绝热水箱体积为 V，箱内水温为 T，水的比热为 C，密度为 ρ，流入、流出水箱的流量均为 F，流入水箱的水温为 T_1，流出水箱的水温为 T。假定 Q、T_1 均为常数，水充满箱体，在搅拌器的作用下流入水箱的水与箱内的水充分混合。求：加热器功率 W 与箱内水温 T 之间的传递函数 $G(s) = \dfrac{T(s)}{W(s)}$。

【解】 传入箱内的热量有通过水流带入的热量 Q_{in} 和加热器的发热 W；由于箱体绝热，从箱内传出的热量只有通过水流带走的热量 Q_{out}。这两者的差蓄积在箱内，造成箱内水温升高。以箱内的水为研究对象，有

$$C\rho V\frac{dT}{d\tau} = Q_{in} + W - Q_{out}$$

$$\because \quad Q_{in} = CFT_1, \qquad Q_{out} = CFT$$

$$\therefore \quad C\rho V\frac{dT}{d\tau} = CFT_1 + W - CFT$$

$$C\rho V\frac{dT}{d\tau} + CF(T - T_1) = W$$

$\because$ 令 $\theta = T - T_1$，则 $\dfrac{d\theta}{d\tau} = \dfrac{d(T-T_1)}{d\tau} = \dfrac{dT}{d\tau}$，代入上式得

$$C\rho V\frac{d\theta}{d\tau} + CF\theta = W$$

令加热器接通瞬间 $\tau = 0$，则当 $\tau = 0$ 时，$\theta = 0$。对上式进行拉普拉斯变换，得

$$C\rho Vs\theta(s) + CF\theta(s) = W(s)$$

$$\therefore \quad G(s) = \frac{\theta(s)}{W(s)} = \frac{1}{C(\rho Vs + F)} = \frac{1}{CF\left(\dfrac{\rho V}{F}s + 1\right)}$$

这里已经改用温差 θ 作为输出量。显然，这是一个一阶惯性环节。

由此可见，用解析法确定被控对象传递函数的首要条件是对被控对象中实际发生的物理、化学过程及其参数有非常清楚的了解，并且能够以比较确切的方式进行数学描述。很显然，除非是非常简单的被控对象，否则很难得到以紧凑的数学方式表达的被控对象的运动方程，也就难以得到其传递函数。

二、测试法

测试法的主要特点是将被控对象作为一个黑箱，在不需要深入了解其内部机理的前提下，将其输入和输出的实测数据进行某些数学处理，从中得到被控对象的传递函数。这是一种完全从外特性上进行测试和描述被控对象动态特性的方法。

被控对象的动态特性只有在其处于动态时才能表现出来，在稳态下是表现不出来的。因此为了获得动态特性，必须使被控对象处于被激励的状态，一般可以对被控对象施加一个阶跃信号或者脉冲信号，从而获得其响应。

采用测试法确定被控对象的传递函数一般比采用解析法简单和省力，尤其是对于那些复杂的、难以进行精确数学描述的对象更是如此。考虑到楼宇自动化系统中的绝大多数被控对象一般都很难用精确的数学方法描述其运动状态，因此在确定被控对象的传递函数时多采用测试法。

如上所述，用测试法确定被控对象的传递函数需要进行两个步骤：①获取对象的阶跃响应；②对测试结果进行进一步的数学处理，将其拟合成近似的传递函数。下面分别讨论这两个问题。

（一）阶跃响应的获取

测取阶跃响应的原理很简单，只要将系统开环，待被调量稳定以后，对被控对象施加一个阶跃信号，以一定的时间间隔测量被调量的变化，直到重新稳定为止，就可以得到被控对象的阶跃响应。但在实际测试时会遇到许多问题，例如不能因为测试而对正常工作造成太大的干扰，排除其他随机干扰的影响，以及避免系统非线性的影响等等。为了得到可靠的测试结果，应当注意以下几项：

1. 合理选取阶跃信号的幅度。过小的阶跃信号不能保证测试结果的可靠性，而过大的阶跃信号则会使被控对象的正常工作受到严重干扰，甚至危及安全。

2. 测试开始前确保被控对象处于某一选定的稳定工作状态，测试期间应尽可能避免其他偶然性的扰动。

3. 考虑到实际被控对象的非线性，应选取不同负荷，在被调量的不同设定值下，进行多次测试。即使在同一负荷和被调量的同一设定值下，也应在正向和反向扰动下进行多次测试，以求全面掌握被控对象的动态特性。

4. 在测试时应充分考虑执行机构传递函数的影响。如有可能，应尽量将执行机构包括在被控对象中一并进行测试。

为了能够施加幅度比较大的阶跃信号，而又不至于严重干扰被控对象的正常工作，可以用矩形脉冲信号代替阶跃信号，即大幅度的阶跃信号施加一小段时间以后立即将其切除。矩形脉冲响应当然不同于阶跃响应，但是两者之间具有密切的关系。矩形脉冲信号可以看做是一个正向阶跃信号与一个与之幅度相同、方向相反、且延迟一段时间的负向阶跃信号的合成结果，因此可以从脉冲响应中求得阶跃响应。

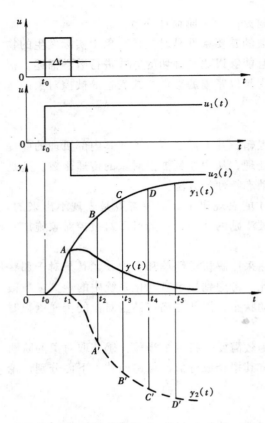

图 2.2　由矩形脉冲响应确定阶跃响应

在图 2.2 中，矩形脉冲信号可以看做两个阶跃信号 $u_1(t)$ 和 $u_2(t)$ 的叠加，它们的幅度相等、方向相反且开始时间不同。因此，

$$u(t) = u_1(t) + u_2(t)$$

其中

$$u_2(t) = -u_1(t - \Delta t)$$

假定被控对象没有明显的非线性，则矩形脉冲响应就是两个阶跃响应之和，即

$$\begin{aligned} y(t) &= y_1(t) + y_2(t) \\ &= y_1(t) - y_1(t - \Delta t) \end{aligned}$$

而所要求取的阶跃响应为

$$y_1(t) = y(t) + y_1(t - \Delta t)$$

根据上式就可以用逐段递推的方法得到阶跃响应 $y_1(t)$。

（二）由阶跃响应确定近似传递函数

根据测试得到的阶跃响应，可以把它拟合成近似的传递函数。为此，可以采用多种方法，它们所采用的传递函数的形式也是各不相同的。用测试法确定被控对象的传递函数，首要的问题是选定传递函数的形式。从上节我们知道，在楼宇自动化系统中常见的被控对象传递函数一般可以近似表示为一阶、二阶或 n 阶惯性环节加纯滞后，具体采用哪种形式，首先取决于被控对象的本质，同时应考虑对传递函数准确性的要求。

1．由阶跃响应曲线确定一阶惯性环节加纯滞后的参数

如图 2.3 所示，当阶跃响应曲线在 $t = 0$ 时，斜率为零。随着 t 的增加，其斜率逐渐增大，当到达拐点后斜率又慢慢减小。可见该曲线的形状为 S 形，可以用一阶惯性环节加纯滞后来近似。确定 K、T 和 τ 的方法如下：

设阶跃输入信号的阶跃量为 x，由图 2.3 中的阶跃响应曲线可以确定稳态值 $y(\infty)$，则

$$K = \frac{y(\infty) - y(0)}{x}$$

又，在阶跃响应曲线斜率最大处（即拐点 D 处）作一切线，交时间轴于 B 点，交稳态值的渐近线于 A 点。OB 即为过程的滞后时间 τ，BA 在时间轴上的投影 BC 即为过程的时间常数 T。

显然，这种方法的拟合程度一般是很差的。由于在响应曲线上的拐点处作切线时，其拐点位置不容易选准，切线方向也难以控制，具有较大的随意性，而这些将直接影响到 τ、T 的取值。于是可以采用以下的方法，利用曲线上两个点的数据来计算 τ 和 T 的值，而 K 值则仍然按照上述的方法计算。这种方法一般也称为两点法。

首先，将 $y(t)$ 转换成它的无量纲形式 $y^*(t)$，即

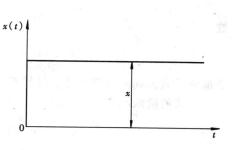

$$y^*(t) = \frac{y(t)}{y(\infty)}$$

于是，有

$$y^*(t) = \begin{cases} 0 & t < \tau \\ 1 - \exp\left(-\frac{t-\tau}{T}\right) & t \geq \tau \end{cases}$$

上式中只有两个参数 τ 和 T，因此只能根据两个点的参数进行拟合。为此先确定两个时刻 t_1 和 t_2，其中 $t_2 \geq t_1 \geq \tau$，从测试结果中读出 $y^*(t_1)$ 和 $y^*(t_2)$，即可得：

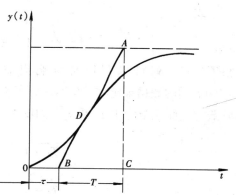

$$\left.\begin{array}{l} y^*(t_1) = 1 - \exp\left(-\frac{t_1-\tau}{T}\right) \\ y^*(t_2) = 1 - \exp\left(-\frac{t_2-\tau}{T}\right) \end{array}\right\}$$

由上式可以解得

$$\left.\begin{array}{l} T = \dfrac{t_2 - t_1}{\ln[1 - y^*(t_1)] - \ln[1 - y^*(t_2)]} \\[2mm] \tau = \dfrac{t_2\ln[1 - y^*(t_1)] - t_1\ln[1 - y^*(t_2)]}{\ln[1 - y^*(t_1)] - \ln[1 - y^*(t_2)]} \end{array}\right\}$$

图 2.3　阶跃响应曲线

为了计算方便，可取 $y^*(t_1) = 0.39$，$y^*(t_2) = 0.63$，则可得

$$\left.\begin{array}{l} T = 2(t_2 - t_1) \\ \tau = 2t_1 - t_2 \end{array}\right\}$$

最后，可以取另外两个时刻进行检验，即 $y^*(t_3) = 0.55$，$y^*(t_4) = 0.87$，可得

$$\left.\begin{array}{l} T = 0.833(t_4 - t_3) \\ \tau = 1.667t_3 - 0.667t_4 \end{array}\right\}$$

一般来说，如果用两组数据 $y^*(t_1)$ 和 $y^*(t_2)$、$y^*(t_3)$ 和 $y^*(t_4)$ 分别求得的两组 T、τ 的值相差不超过 10%，则可以认为被控对象的传递函数可以较好地用一阶惯性环节加纯滞后来拟合，否则应当用以下方法将被控对象的传递函数拟合成二阶或 n 阶惯性环节加纯滞后。

2．由阶跃响应曲线确定二阶或 n 阶惯性环节加纯滞后的参数

如前所述，二阶惯性环节加纯滞后的传递函数可以表示为

$$G(s) = \frac{Ke^{-\tau s}}{(T_1 s + 1)(T_2 s + 1)}$$

由于其中包含有两个惯性环节，因此可以指望拟合得更好。

K 值的求取仍然由输入阶跃的幅度和输出的稳态值确定，方法同前。再在阶跃响应曲线上找到曲线脱离起始段毫无反应的阶段而开始发生变化的时刻，将此时刻作为滞后时间 τ 的值。然后将 $y(t)$ 轴向右平移 τ，并将 $y(t)$ 转换成 $y^*(t)$，这样问题就转化为用函

数

$$G(s) = \frac{1}{(T_1 s + 1)(T_2 s + 1)}, \quad T_1 \geqslant T_2$$

来拟合已截去纯滞后部分并已经转换为无量纲形式的阶跃响应 $y^*(t)$。

上式的阶跃响应为

$$y^*(t) = 1 - \frac{T_1}{T_1 - T_2} e^{-\frac{t}{T_1}} - \frac{T_2}{T_2 - T_1} e^{-\frac{t}{T_2}}$$

或

$$1 - y^*(t) = \frac{T_1}{T_1 - T_2} e^{-\frac{t}{T_1}} - \frac{T_2}{T_1 - T_2} e^{-\frac{t}{T_2}}$$

根据上式，就可以利用阶跃响应曲线上的两个点的数据 $[t_1, y^*(t_1)]$ 和 $[t_2, y^*(t_2)]$ 的数据确定 T_1 和 T_2。为了方便计算，可以取 $y^*(t)$ 分别等于 0.4 和 0.8，从阶跃响应曲线上定出 t_1 和 t_2，如图 2.4 所示，就可以得到下述方程组：

$$\left.\begin{array}{l} \dfrac{T_1}{T_1 - T_2} e^{-\frac{t_1}{T_1}} - \dfrac{T_2}{T_1 - T_2} e^{-\frac{t_1}{T_2}} = 0.6 \\[3mm] \dfrac{T_1}{T_1 - T_2} e^{-\frac{t_2}{T_1}} - \dfrac{T_2}{T_1 - T_2} e^{-\frac{t_2}{T_2}} = 0.2 \end{array}\right\}$$

上述方程组的近似解为

$$\left.\begin{array}{l} T_1 + T_2 \approx \dfrac{1}{2.16}(t_1 + t_2) \\[3mm] \dfrac{T_1 T_2}{(T_1 + T_2)^2} \approx 1.74 \dfrac{t_1}{t_2} - 0.55 \end{array}\right\}$$

对于用上式求得的 T_1、T_2 所表示的二阶对象，应有

$$0.32 \leqslant \frac{t_1}{t_2} \leqslant 0.46。$$

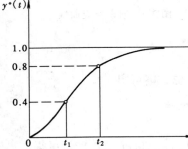

图 2.4　根据阶跃响应曲线
求 T_1 和 T_2

如果 $\dfrac{t_1}{t_2} > 0.46$，则说明该阶跃响应需要用 n 阶惯性环节才能拟合得更好，此时可将传递函数取为

$$G(s) = \frac{K e^{-\tau s}}{(T s + 1)^n},$$

其中的 K 和 τ 的值仍用上述方法确定。同样，根据 $y^*(t) = 0.4$ 和 0.8 分别定出 t_1 和 t_2，然后根据比值利用表 2.1 查出 n 值，最后通过下式算出时间常数 T：

$$nT \approx \frac{t_1 + t_2}{2.16}$$

高阶惯性对象中阶数 n 与比值 $\dfrac{t_1}{t_2}$ 的关系　　　　　　　表 2.1

n	t_1/t_2	n	t_1/t_2	n	t_1/t_2
1	0.32	5	0.62	10	0.71
2	0.46	6	0.65	12	0.735
3	0.53	7	0.67	14	0.75
4	0.58	8	0.685		

【例 2.3】　已知一对象的阶跃响应如下表，输入阶跃为 1。试分别假定对象为一阶惯性加纯滞后和 n 阶惯性加纯滞后，求其传递函数。

t (s)	0	10	20	30	40	50	60	70	80	90	100	150
ΔT (℃)	0	0.16	0.65	1.15	1.52	1.75	1.88	1.94	1.97	1.99	2.00	2.00

【解】　（1）从输入阶跃和 $y(\infty)$ 可知 $K=2$。又由表中数据可得阶跃响应曲线如图。

由图中可知 $T=40.3$，$\tau=6.87$，$\therefore$ 对象的传递函数 $G(s)=\dfrac{2e^{-6.87s}}{40.3s+1}$。

（2）K 值同（1）。

从图中可知 $\tau=2.21$。又分别经 $0.4\,y(\infty)$ 和 $0.8\,y(\infty)$ 处作水平线，与阶跃响应曲线相交，再从交点作垂线与 X 轴相交，读得 $t_1=20.79$，$t_2=41.54$。

$\therefore \dfrac{t_1}{t_2}=\dfrac{20.79}{41.54}=0.50$。查表 2.1，可知 $n=3$，即系统为一三阶系统。

又，$\because nT\approx\dfrac{t_1+t_2}{2.16}$，即 $3T\approx\dfrac{20.79+41.54}{2.16}$，$\therefore T=9.62$。

$\therefore$ 对象的传递函数 $G(s)=\dfrac{2e^{-2.21s}}{(9.62s+1)^3}$。

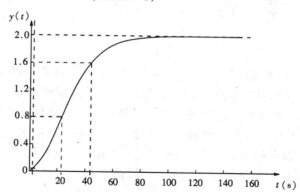

第四节　理想控制器

在被控对象的传递函数确定之后，接着就可以确定控制器的控制算法及其相关参数了。下面我们来推导"理想控制器"的控制算法，以此作为一般控制器控制算法的基础。

一个理想的控制器，应当能够在设定值发生变化时，将设定值的变化无失真地在系统的输出量（被调量）上复现。考虑到在楼宇自动化系统中，被控对象大都含有滞后环节，因此，上述的理想控制器应当表述为：在设定值发生变化时，经过一段滞后时间 τ 以后，设定值的变化无失真地在系统的输出量（被调量）上复现。图2.5为一单位反馈控制系统框图，我们以此为基础来推导理想控制器的传递函数（即控制算法）。

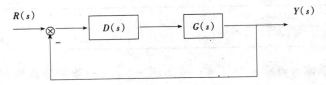

图 2.5　单位反馈控制系统

图中 $D(s)$ 为控制器，$G(s)$ 为被控对象，根据上述关于理想控制器的描述，应有

$$\frac{Y(s)}{R(s)} = \frac{D(s)G(s)}{1 + D(s)G(s)} = e^{-\tau s}$$

不失一般性，令被控对象的传递函数为二阶惯性环节加纯滞后，即

$$G(s) = \frac{K_g e^{-\tau s}}{(p_1 s + 1)(p_2 s + 1)}，则$$

$$D(s) = \frac{e^{-\tau s}}{G(s)(1 - e^{-\tau s})} = \frac{e^{-\tau s}}{\dfrac{K_g e^{-\tau s}(1 - e^{-\tau s})}{(p_1 s + 1)(p_2 s + 1)}} = \frac{p_1 p_2 s^2 + (p_1 + p_2)s + 1}{K_g(1 - e^{-\tau s})}$$

$$\because \quad e^{-\tau s} = 1 - \tau s + \frac{(\tau s)^2}{2!} - \frac{(\tau s)^3}{3!} + \cdots \approx 1 - \tau s$$

$$\therefore D(s) \approx \frac{p_1 p_2 s^2 + (p_1 + p_2)s + 1}{K_g \tau s} = \frac{p_1 + p_2}{K_g \tau}\left[1 + \frac{1}{(p_1 + p_2)s} + \frac{p_1 p_2}{p_1 + p_2}s\right]$$

$$= K_p\left(1 + \frac{1}{T_i s} + T_d s\right)$$

其中，$K_p = \dfrac{p_1 + p_2}{K_g \tau}$，$T_i = p_1 + p_2$，$T_d = \dfrac{p_1 p_2}{p_1 + p_2}$。

由于在推导 $D(s)$ 表达式的过程中，对 $e^{-\tau s}$ 作了一阶近似，因此上式只能在被控对象的滞后时间 τ 不是很大时大致成立。也就是说，在满足被控对象的滞后时间不是很大这一前提条件的时候，相应的理想控制器由三个部分组成，分别为比例环节、积分环节和微分环节，各环节的参数由被控对象的参数决定。控制器的输出为这三个环节输出之和。具有这种结构的控制器一般称为比例-积分-微分控制器，或简称为 PID 控制器。K_p、T_i 和 T_d 分别称为比例系数、积分时间常数和微分时间常数。

另外需要指出的是，由于实际系统中被控对象的传递函数不一定是二阶惯性环节加纯滞后，而且控制器的应用目的、要求也各不相同，因此一般不采用以上公式来求取 PID 控制器的参数 K_p、T_i 和 T_d，但是控制器中各环节的参数由被控对象的参数决定这一点仍然是正确的。各参数的具体求取方法将在第六节中介绍。

第五节　基本 PID 控制器及其调节过程

PID 控制是自动控制的发展历程中历史最久、生命力最强的基本控制方式。尽管随着科学技术的发展，特别是计算机科学和技术的发展，涌现出许多新的控制算法，然而直到现在，PID 控制由于它自身的优点，仍然是应用最广泛的基本控制方式。据有关资料统计，在连续工业过程的控制中，85% ~ 95% 的控制回路或者采用 PID 控制，或者以 PID 控制作为基础，只有 5% ~ 15% 的控制回路由于 PID 控制效果不好，而改用其他高等过程控制策略。PID 控制的主要优点是：① 原理简单，使用方便；② 适应性强；③ 控制品质对被控对象的特性变化不太敏感。下面分别讨论 PID 控制中的各种控制规律。

一、比例控制（P 控制）

（一）比例控制的动作规律与比例带

在比例控制中，控制器的输出信号 u 与误差信号 e 成正比，即

$$u = K_c e$$

其中 K_c 称为比例系数，根据实际情况可以取正值或负值。

需要注意的是，控制器输出 u 实际上是其初始值 u_0 的增量。因此，当误差 $e = 0$ 时，$u = 0$ 并不意味着控制器没有输出，而只是说明 $u = u_0$。因此，也可以将输出信号的值表示为

$$u = K_c e + u_0$$

u_0 的数值可以通过控制器进行设置。

在控制行业中，一般习惯用比例系数的倒数来表示控制器输入和输出之间的关系：

$$u = \frac{1}{\delta} e$$

其中 δ 称为比例带。δ 具有重要的物理意义。如果输出信号 u 直接代表调节阀开度的变化量，则从上式可以看出，δ 就代表使调节阀开度变化 100%，即从全开到全关时，相对应的被调量的变化范围。只有被调量的变化在这个范围之内，调节阀的开度变化才与误差成比例，此时的比例控制器才是一个真正的比例控制器。当被调量的变化超出这个"比例带"以后，调节阀已经处于全开或全关的状态，此时只要被调量仍然处于比例带之外，则无论被调量再发生什么变化，尽管控制器的输出仍可能会相应发生变化，但是调节阀的开度已经不可能再进一步变化了，整个控制器暂时处于失控状态。

实际上，控制器的比例带 δ 习惯上用相对于测量被调量的传感器量程的百分数表示。例如，温度传感器的测量范围为 −20 ~ 50℃，即量程为 70℃，则 $\delta = 30\%$ 就表示被调量需要改变 21℃ 才能使调节阀从全关变化到全开，也就是说，使得被调量改变 2℃ 所对应的阀门开度变化约为 10%。

（二）比例调节的特点

比例调节的主要特点是有差调节。

在楼宇自动化系统中，各被控对象在运行过程中其负荷会经常发生变化，因此需要由控制系统来进行调节。在控制系统的调节下，被控对象最终进入稳态后，此时调节阀的开度可以被用来衡量负荷的大小。

如果控制器采用比例控制，则在负荷扰动下的调节过程结束后，被调量不可能与设定值完全相等，而是会有一定的残余误差，简称残差。以下以一个蒸汽 − 水热交换器的例子来说明产生这一残差的原因。

图 2.6 是一个蒸汽 − 水热交换器水温控制系统。在这个系统中，热水温度 θ 由传感器 θ_T 进行测量，并送到控制器 θ_C。控制器控制蒸汽阀的开度，通过调节蒸汽流量来保持水

温的恒定。显然，热交换器的负荷既决定于热水温度 θ，也决定于热水流量 Q。假定采用比例控制器，并认为调节阀的开度 μ 直接代表了控制器的输出。图2.7中的直线1是比例控制器的静特性，即调节阀的开度与水温变化的情况。因为当水温越高的时候，应当将调节阀开得越小，即比例系数 K_c 应取负号，所以在图中静特性表示为左高右低的直线。比例系数越大，直线的斜率越小，即越接近水平。图中的曲线2和3分别表示热交换器在不同水流量下的静特性。它们表示在没有控制器的时候，在不同的水流量下水温与调节阀开度之间的关系。直线1和曲线2的交点 O 代表在水流量为 Q_0、控制系统投入运行并达到稳定状态时，水温和调节阀开度的值。从图中可以看到，此时水温为 θ_0，阀门开度为 μ_0。假定 θ_0 就是水温设定值，从这个运行点开始，如果水流量减少为 Q_1，那么在调节过程结束后，新的稳态点将移到直线1和曲线3的交点 A，此时的水温为 θ_A，阀门开度为 μ_A，水温的变化为 $\theta_A - \theta_0$。此即为残差。

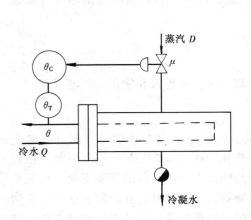

图2.6 热交换器水温控制系统

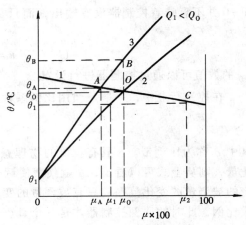

图2.7 采用比例控制的调节过程

比例控制虽然不能准确保持被调量恒定，但效果还是明显的。仍以上述热交换器为例，如果不采用自动控制，同样水流量从 Q_0 变化为 Q_1，由于调节阀的开度保持不变，水温将上升到 θ_B。显然，此时的水温变化 $\theta_B - \theta_0 > \theta_A - \theta_0$。

从图中我们可以看到，直线1越接近水平，相对应的残差 $\theta_A - \theta_0$ 就越小。那么，是否可能令直线1无限地逼近水平线，从而消除残差呢？从上面的分析中我们知道，当直线1无限地逼近水平线时，比例控制器的比例系数 K_c 将趋向于无穷大，这在实际系统中是不可能实现的。而且，K_c 的值还将受到系统稳定性和动态特性要求的限制（见下节），不能随意取值。另外，从比例控制输出信号的表达式 $u = K_c e$ 中，我们可以看到，当误差 $e = 0$ 时，输出信号 $u = 0$。由于 u 直接代表了调节阀的开度，因此当 $u = 0$ 时，调节阀将回复到其初始状态，而不可能保持原先的开度不变。调节阀开度的这一变化，就又将造成新的误差产生。因此，在一个实际系统中，比例控制的残差是不可能消除的。它是由比例控制的内在规律决定的。

（三）比例系数对于调节过程的影响

上面已经证明，比例控制的残差随着比例系数 K_c 的减小而增大。从这一方面考虑，我们当然希望尽量加大比例系数。然而，加大比例系数就等于加大控制系统的开环增益，其结果是导致系统的动态特性变坏、振荡剧烈甚至不稳定。在任何一个控制系统中，稳定性是首要的要求。只有系统稳定工作，才有讨论其他性能指标的基础。因此比例系数的选取必须首先满足系统稳定性的要求。此时，如果残差过大，则只能通过其他方法加以解决。从图2.8中可以看到 K_c 的大小对于调节过程的影响。K_c 很小意味着调节阀的动作幅度很小，因此被调量的变化比较平缓，超调量很小，但是残差很大，调节实际也很长；增大 K_c 就加大了调节阀的动作幅度，引起被调量来回波动，超调量增大，但系统仍然是稳定的，同时残差减小。K_c 有一个临界值，此时系统处于稳定边界的情况。再进一步增大 K_c 系统就不稳定了。K_c 的临界值 K_{cr} 可以通过试验测定出来。如果被控对象的数学模型已知，则也可以根据控制理论计算出来。

二、积分控制（I 控制）

（一）积分控制动作规律

在积分控制中，控制器的输出信号的变化速度 du/dt 与误差信号 e 成正比，即

$$\frac{\mathrm{d}u}{\mathrm{d}t} = S_0 e$$

或

$$u = S_0 \int_0^t e\, \mathrm{d}t$$

其中 S_0 称为积分速度，可根据实际情况取正值或负值。上式表明，积分控制器的输出与误差信号的积分成正比。

（二）积分控制的特点

积分控制的特点是无差调节，这一点与比例控制形成了鲜明的对照。积分控制规律的表达式表明，只有当误差 e 等于零时，积分控制器的输出 u 才会保持不变，其值由从时间零点开始直到当前时刻为止的误差对时间的积分决定，而与被调量以及误差的当前值无关。这意味着被控对象在负荷扰动下的调节过程结束后，被调量没有残差，而调节阀可以保持在新的负荷所要求的开度上。

积分控制的另一个特点是它的稳定性比比例

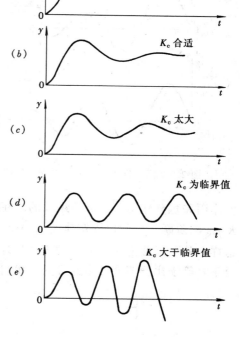

图 2.8　K_c 对于调节过程的影响

控制差。例如，从稳定性分析可以知道，对于包含一个积分环节的非自衡被控对象，当采用比例控制时，只要减小比例系数，则一定可以得到一个稳定的系统，而如果采用积分控制，则不可能得到一个稳定的系统。另外，对于同一个被控对象，即使采用比例控制或采用积分控制都能够得到一个稳定的系统，采用积分控制时的调节过程也总是比采用比例控制缓慢，主要表现在振荡频率较低，从而导致调节时间延长。

（三）积分速度对于调节过程的影响

采用积分控制时，系统的开环增益与积分速度 S_0 成正比。因此，增大积分速度将会降低控制系统的稳定程度，直到最后发生振荡，如图2.9所示。

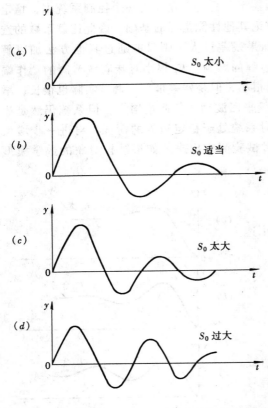

对于同一个被控对象，如果分别采用比例调节和积分调节，并调整到相同的衰减率 $\psi = 0.75$ 时，它们在负荷扰动下的调节过程如图 2.10 中的曲线 P 和 I 所示。它们清楚地显示出两种调节规律的不同特点。

尽管积分控制具有消除残差的显著优点，但是也有超调量大、调节时间长和稳定性差的明显缺点，因此一般不单独采用积分控制，而是将它与比例控制相结合，形成比例-积分控制。

三、比例-积分控制（PI 控制）

（一）比例-积分控制动作规律

比例-积分控制就是综合比例、积分两种控制方式的优点，利用比例控制快速抵消干扰的影响，同时利用积分控制最终消除残差。它的调节规律为

$$u = K_c\left(e + \frac{1}{T_I}\int_0^t e\,\mathrm{d}t \right)$$

式中 K_c 为比例系数，可以根据实际情况取正值或者负值；T_I 为积分时间。K_c 和 T_I 是比例-积分控制器的两个重要参数。图 2.11 是比例-积分控制器的阶跃响应曲线，它是由比例作用和积分作用两个部分组成的。在施加阶跃信号的瞬间，控制器立即输出一个幅度为 $K_c\Delta e$ 的阶跃，然后以固定速度 $K_c\Delta e / T_I$ 变化。当 $t = T_I$ 时，控制器的总输出等于 $2K_c\Delta e$。这样，就可以确定 K_c 和 T_I 的值。另外，从图中可以看到，当 $t = T_I$ 时，输出中的积分部分正好等于比例部分。由此可见，我们可以通过 T_I 来衡量积分部分在总输出中所占的比

图 2.9　积分速度对于调节过程的影响

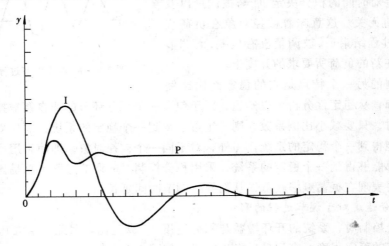

图 2.10　比例控制与积分控制的比较

重：T_I 越小，积分部分所占的比重越大。

　　（二）比例-积分调节过程

　　下面仍然以图 2.6 中的热交换器水温控制系统为例，分析比例-积分控制的调节过程。图 2.12 给出了热水流量阶跃减小以后的水温调节过程。我们从水温 θ 开始，假定它的变化过程如图所示。μ_p 是控制器输出中的比例部分，根据前面的分析，比例系数应为负值，因此它与水温 θ 成镜像对称，随着 θ 逐渐趋向于 θ_0，即 $\theta-\theta_0$ 趋向于零，这一部分也逐渐趋向于零。μ_I 是控制器输出的积分部分，它是温度曲线的积分曲线，当 $\theta-\theta_0$ 趋向于零时并不趋向于零。而控制器的总输出则是 μ_p 与 μ_I 的叠加。

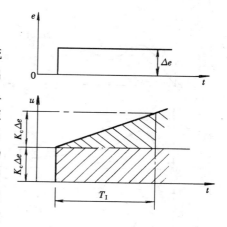

图 2.11　比例-积分控制器的阶跃响应

　　特别值得指出的是，从图中可以看出，消除残差是比例-积分控制器中积分作用的结果。正是积分部分的输出使得当 $\theta-\theta_0$ 趋向于零时，调节阀的开度最终能够到达消除残差所要求的位置。而比例部分的输出在调节过程的初始阶段起较大的作用，而在调节过程结束后又回到扰动发生前的数值。

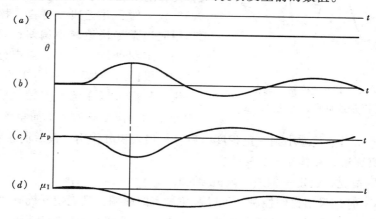

图 2.12　热交换器水温 P_I 控制系统在水流量阶跃扰动下的调节过程

　　应当指出，比例-积分控制在引入积分作用，消除系统残余误差的同时，降低了原有系统的稳定性。为了保持控制系统原来的衰减率，比例-积分控制器的比例系数必须适当减小。所以比例-积分控制是在牺牲系统动态品质的前提下换取较好的稳态性能。

　　在比例系数不变的前提下，随着积分时间 T_I 的减小，控制系统的稳定性将降低、振荡程度加剧、振荡频率升高、调节过程加快。图 2.13 表示控制系统在不同积分时间的响应过程。

　　（三）积分饱和现象与抗积分饱和措施

　　具有积分作用的控制器，只要被调量与设定值之间有偏差，其输出就会不停地变化。当系统启动、大幅度改变设定值、或者由于某种原因，被调量的偏差始终为正值（或负值）而一时无法消除时，则经过一段时间以后，控制器中积分部分的输出将大大超过比例部分的输出，使得控制器进入深度饱和状态，调节阀全开（或全关），系统处于暂时的失

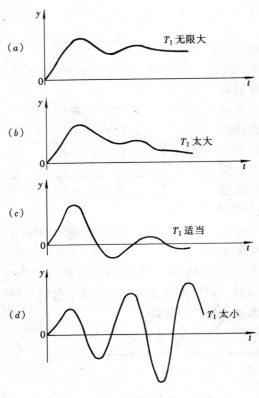

图 2.13　比例-积分控制系统在
不同积分时间的响应过程

控状态。这种现象称为积分饱和。进入积分饱和状态的控制器，当被调量偏差反向以后，由于原先积分部分的输出远大于比例部分的输出，因此需要经过一段时间之后，才能慢慢地从饱和状态中退出来，恢复控制作用。

显然，积分饱和现象使得控制器实际上工作在非线性状态，将会使得控制系统的超调量大大增加，控制品质变坏，甚至产生振荡而导致危险。

简单地将比例-积分控制器的输出限制在规定范围之内，或者增大积分时间常数的值，虽然都能够缓和积分饱和的影响，但是不能真正解决问题，反而使得在正常工作时难以消除系统的残差。

我们知道，在控制器中引入积分作用的目的，主要是为了消除残差。而当被调量的偏差较大时，并无残差可言，控制器的主要作用应当是尽快地减小偏差；只有当偏差减小到一定程度以后，才需要进行消除残差的动作。根据这一情况，对于比例-积分控制器来说，我们可以在偏差值较大的时候，断开积分作用，使之成为一个简单的比例控制器，迅速减小偏差；而当偏差减小到一定程度以后，再加入积分作用，最后消除残差。这种方法称为积分分离算法，具体实现方法为：

1．根据实际情况，设定一偏差的阈值 $\varepsilon > 0$；

2．当 $|e| > \varepsilon$ 时，采用比例控制，可以避免过大的超调，又能使系统有较快的响应；

3．当 $|e| \leqslant \varepsilon$ 时，采用比例-积分控制，消除残差，保证系统的控制精度。

其调节规律为

$$u = K_c \left(e + \beta \frac{1}{T_I} \int_0^t e \, dt \right)$$

其中 $\beta = \begin{cases} 1 & |e| \leqslant \varepsilon \\ 0 & |e| > \varepsilon \end{cases}$

采用积分分离的比例-积分控制算法，既保持了积分作用，又避免了积分饱和现象，还提高了响应速度，减小了超调量，可以使得控制品质有较大的改善，但是在具体实现时，要注意在加入和断开积分作用的时候，避免控制器输出 u 出现瞬时波动。

四、比例-微分控制（PD 控制）与比例-积分-微分控制（PID 控制）

（一）微分控制的特点

上述比例控制和积分控制都是根据当前偏差的符号和大小进行调节的，而与偏差的变化速度（包括方向和大小）无关。由于偏差的变化速度可以反映出偏差变化的趋势，因

44

此，如果控制器能够根据被调量的变化趋势来提前改变输出，而不是在被调量有了较大的偏差之后才开始动作，那么控制效果将会更好。这种控制作用称为微分控制。此时控制器的输出与偏差对时间的导数成正比，即

$$u = S_1 \frac{\mathrm{d}e}{\mathrm{d}t}$$

然而，单纯按上述规律的控制器是不能工作的。这是因为所有的实际控制器都有一定范围的不灵敏区，如果偏差以控制器不能察觉的速度缓慢变化时，控制器并没有输出，但是经过一定时间的积累以后，被调量的偏差却可能达到相当大的数值而得不到纠正。这种情况当然是不允许的。

如上所述，微分控制只能起辅助的控制作用，它可以与其他的控制作用结合成比例-微分控制作用和比例-积分-微分控制作用。

（二）比例-微分控制规律

比例-微分控制器的调节规律是

$$u = K_\mathrm{c}\left(e + T_\mathrm{D} \frac{\mathrm{d}e}{\mathrm{d}t} \right)$$

式中，K_c 为比例系数，可根据实际情况取正值或负值，T_D 为微分时间。

按照上式，比例-微分控制器的传递函数应为

$$G_\mathrm{c}(s) = K_\mathrm{c}(1 + T_\mathrm{D} s)$$

这一算法称为理想微分算法。但是，严格按照上式构成的控制器，其单位阶跃响应当 $t = 0$ 时为一单位脉冲，这在物理上是不可能实现的。因此，实际采用的比例-微分控制器的传递函数为

$$G_\mathrm{c}(s) = K_\mathrm{c} \frac{T_\mathrm{D} s + 1}{\dfrac{T_\mathrm{D}}{K_\mathrm{D}} s + 1}$$

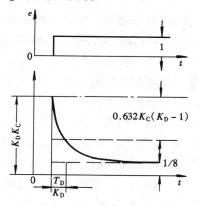

图 2.14　比例-微分控制器的单位阶跃响应

式中 K_D 称为微分增益，一般在 5～10 之间。这一算法称为实际微分算法，其单位阶跃响应为

$$u = K_\mathrm{c} + K_\mathrm{c}(K_\mathrm{D} - 1)\exp\left(-\frac{t}{T_\mathrm{D}/K_\mathrm{D}} \right)$$

图 2.14 给出了相应的响应曲线。上式中共有 K_c、T_D 和 K_D 三个参数，它们都可以根据图中的阶跃响应曲线确定出来。

应当指出，尽管实际上比例-微分控制器都采用实际微分算法，但是由于微分增益 K_D 数值较大，实际微分算法表达式分母中的时间常数实际上很小，因此在分析控制系统的性能时，为了简单起见，通常忽略这一因素，而直接按照理想微分算法作为比例-微分控制器的传递函数进行分析。

（三）比例-微分控制的特点

在稳态下，$\mathrm{d}e/\mathrm{d}t = 0$，比例-微分控制器的微分部分输出为零，因此比例-微分控制也是有差调节，与比例控制相同。

由于控制器中微分部分的输出与偏差对时间的导数成正比，因此微分作用总是力图抑制被调量的振荡，它有助于提高控制系统的稳定性。引入适度的微分作用，可以在保持衰

减率不变的前提下，稍微增大比例系数。图 2.15 表示同一被控对象分别采用比例控制器和比例-微分控制器并且调整到相同的衰减率时，两者阶跃响应的比较。从图中可以看到，引入适度的微分作用后，由于可以采用较大的比例系数，结果不但减小了残差，而且也减小了超调量和提高了振荡频率。

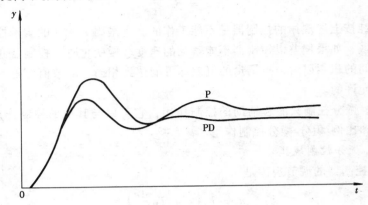

图 2.15　比例控制系统和比例-微分控制系统调节过程的比较

微分控制作用也有一些不利之处。首先，比例-微分控制器的抗干扰能力较差。尽管在比例-微分控制器中，微分作用只是起辅助作用，但是往往一个幅度不大但快速变化的干扰信号，就会引起控制器输出的大幅度变化。因此，比例-微分控制器只能应用于被调量变化非常平稳的过程，而且需要更加良好的抗干扰措施。其次，微分控制作用对于纯滞后过程显然是无效的。

应当特别指出的是，引入微分作用要适度。一般而言，比例-微分控制系统随着微分时间 T_D 增大，其稳定性提高。但是，当 T_D 超过某一上限值以后，系统反而变得不稳定。图 2.16 表示控制系统在不同微分时间的响应过程。

（四）比例-积分-微分控制规律

比例-积分-微分控制的动作规律为：

$$u = K_c \left(e + \frac{1}{T_I} \int_0^t e \, dt + T_D \frac{de}{dt} \right)$$

式中各参数的意义与上述相同。

比例-积分-微分控制器的传递函数为

$$G_c(s) = K_c \left(1 + \frac{1}{T_I s} + T_D s \right)$$

由于与比例-微分控制器相同的原因，上式所表示的控制器在物理上是无法实现的。因此，同样需要将其中的微分作用改为实际微分，同时采用积分分离算法以避免积分饱和。

为了对各种控制算法的动作规律进行比较，图 2.17 表示了同一对象在相同的阶跃扰动下，采用不同的调节作用时具有相同衰减率的响应过程。由图中可以看出，比例-微分-积分控制的控制效果最好。但是这并不意味着，在任何时候采用比例-积分-微分控制器都是合理的。而且比例-积分-微分控制器有三个需要整定的参数，如果这些参数整定不合适，可能得到适得其反的效果。

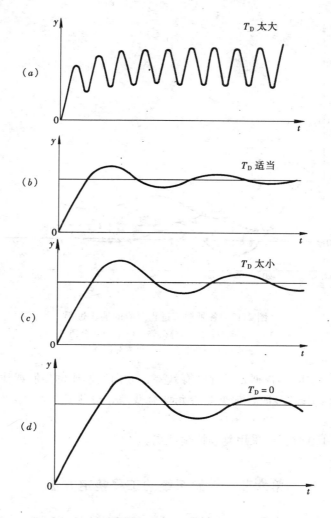

图 2.16 比例-微分控制系统不同微分时间的阶跃响应

事实上,选择什么样的控制算法需与具体的被控对象相匹配,这是一个比较复杂的问题,需要综合考虑多种因素方能获得合理解决。

通常,选择控制算法时应根据对象特性、负荷变化、主要扰动类型和系统控制要求等具体情况,以及经济性的要求。

1.被控对象的时间常数较大,或者滞后时间较大时,应引入微分作用。如果工艺允许有残差,可选用比例-微分控制,否则应选用比例-积分-微分控制。

2.被控对象的时间常数较小,负荷变化也不大,则如果工艺允许有残差,可选用比例控制,否则应选用比例-积分控制。

3.如果被控对象的时间常数和滞后时间都很大,负荷变化也很大,此时简单控制系统已经不能满足要求,应采用复杂控制系统。

4.如果被控对象的传递函数可以用 $G(s) = \dfrac{Ke^{-\tau s}}{Ts + 1}$ 来近似,则可以根据 τ/T 的值来确定控制器的算法:

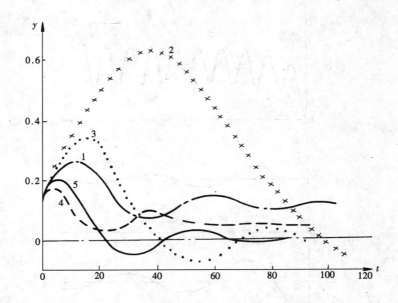

图 2.17　各种调节过程对应的响应过程
1—比例调节；2—积分调节；3—比例积分调节
4—比例微分调节；5—比例积分微分调节

（1）当 $\tau/T < 0.2$ 时，根据是否允许有残差，分别选择比例控制或比例-积分控制；

（2）当 $0.2 < \tau/T \leqslant 1.0$ 时，根据是否允许有残差，分别选择比例-微分控制或比例-积分-微分控制；

（3）当 $\tau/T > 1.0$ 时，应采用复杂控制系统。

第六节　控制系统的工程整定方法

控制系统的整定，一般是指在控制算法确定以后，选择控制器的比例系数 K_C、积分时间常数 T_I 和微分时间常数 T_D 的具体数值。控制系统整定的实质，就是通过改变控制器的各个参数，使控制器的特性与被控对象的特性配合好，改善系统的动态和静态特性，从而得到最佳的控制效果。

控制器参数整定的方法很多，归纳起来可以分为两大类，即理论计算法和工程整定法。

理论计算法要求已知被控对象的数学模型，然后根据一定的要求，通过控制理论的方法，如频率特性法和根轨迹法等，计算控制器的参数。理论计算法求得的控制器参数的准确性，决定于被控对象数学模型的准确性。如果被控对象的数学模型准确性不高，则所求得的控制器参数还需要在现场反复进行修改、调整。

工程整定法是在理论基础上通过实践总结出来的，它直接在控制系统中进行控制器参数的整定，方法简单，容易掌握，能够迅速取得控制器的近似最佳参数。虽然这只是一种近似的方法，但是相当实用。

由于在楼宇自动化系统中，主要被控对象的数学模型都难以准确求取，因此下面主要介绍控制器参数的几种最常见的工程整定方法。

一、动态特性参数法

这是一种以被控对象控制通道的阶跃响应为依据，通过一些经验公式来求取控制器最佳参数的开环整定方法。这种方法是由齐格勒（Ziegler）和尼科尔斯（Nichols）首先提出的，因此也称为 Z-N 法。

后来经过不少改进，总结出相应的计算控制器最佳参数的整定公式。这些公式都是以衰减率 $\psi = 0.75$ 作为系统的性能指标。其中广为流行的是库恩（Cohen）-柯恩（Coon）整定公式：

1. 比例控制器

$$K_C K = (\tau/T)^{-1} + 0.333$$

2. 比例-积分控制器

$$K_C K = 0.9(\tau/T)^{-1} + 0.082$$

$$T_I/T = [3.33(\tau/T) + 0.3(\tau/T)^2]/[1 + 2.2(\tau/T)]$$

3. 比例-积分-微分控制器

$$K_C K = 1.35(\tau/T)^{-1} + 0.27$$

$$T_I/T = [2.5(\tau/T) + 0.5(\tau/T)^2]/[1 + 0.6(\tau/T)]$$

$$T_D/T = 0.37(\tau/T)/[1 + 0.2(\tau/T)]$$

其中 K、τ 和 T 是被控对象的动态特性参数。

上述公式都是以衰减率作为系统的性能指标进行整定，随着计算机仿真技术的发展，又提出了以各种误差积分值（IAE、ISE 和 ITAE）作为系统性能指标的控制器最佳参数整定公式，如表 2.2 所示。为了便于比较，表中还同时列出了 Z-N 法的计算公式。

Z-N 及 IAE、ISE、ITAE 指标的调节器参数整定公式　　　　　表 2.2

调节器动作规律：$u(t) = K_C[1 + 1/T_1 s + T_D s] e(t)$

整定公式：$\begin{cases} KK_C = A(\tau/T)^{-B} \\ T_I/T = C(\tau/T)^D \\ T_D/T = E(\tau/T)^F \end{cases}$

公式中常数：

性能指标	调节规律	A	B	C	D	E	F
Z-N	P	1.000	1.000	—	—	—	—
IAE		0.902	0.985	—	—	—	—
ISE		1.411	0.917	—	—	—	—
ITAE		0.904	1.084	—	—	—	—
Z-N	PI	0.900	1.000	3.333	1.000	—	—
IAE		0.984	0.986	1.644	0.707	—	—
ISE		1.305	0.959	2.033	0.739	—	—
ITAE		0.859	0.977	1.484	0.680	—	—
Z-N	PID	1.200	1.000	2.000	1.000	0.500	1.000
IAE		1.435	0.921	1.139	0.749	0.482	1.137
ISE		1.495	0.945	0.917	0.771	0.560	1.006
ITAE		1.357	0.947	1.176	0.738	0.381	0.995

用上述公式计算控制器整定参数的前提是，广义对象的阶跃响应曲线可以用一阶惯性环节加纯滞后来近似，即 $G(s) = \dfrac{Ke^{-\tau s}}{Ts+1}$，否则计算得到的控制器整定参数只能作为初步估计值。

另外，在求取被控对象阶跃响应曲线的时候，应当注意将执行机构包括在被控对象之内，即构成所谓的广义对象。否则，只要执行机构的传递函数不等于1，所求得的控制器整定参数将会有较大的误差。

【例 2.4】　系统参数同例2.3，求当采用一阶惯性加纯滞后来表示对象的传递函数时，要求 IAE 最优时的 PID 控制器参数。

【解】　已求得对象的传递函数为 $G(s) = \dfrac{2e^{-6.87s}}{40.3s+1}$，则 $K=2$，$T=40.3$，$\tau=6.87$，$\tau/T=0.17$。由表2.2，可得

$$
\begin{cases}
2K_c = 1.435 \times 0.17^{-0.921} \\
T_i/40.3 = 1.139 \times 0.17^{0.749} \\
T_d/40.3 = 0.482 \times 0.17^{1.137}
\end{cases}
$$

$$
\therefore
\begin{cases}
K_c = 1.435 \times 0.17^{-0.921} \div 2 = 3.67 \\
T_i = 1.139 \times 0.17^{0.749} \times 40.3 = 12.2(s) \\
T_d = 0.482 \times 0.17^{1.137} \times 40.3 = 2.59(s)
\end{cases}
$$

二、稳定边界法

稳定边界法是一种完全基于实验的方法，与动态特性参数法不同的是，它不受被控对象传递函数的限制，这也是稳定边界法的一个主要优点。稳定边界法是一种闭环的整定方法，它根据纯比例控制系统临界振荡试验所得到的数据，即临界比例带 δ_{cr} 和临界振荡周期 T_{cr}，利用一些经验公式，求取控制器的最佳整定参数值。其整定计算公式如表2.3所示。具体步骤如下：

稳定边界法参数整定计算公式　　　　　　　　　　　　　　　表 2.3

	δ	T_i	T_d
P	$2\delta_{cr}$	—	
PI	$2.2\delta_{cr}$	$0.85T_{cr}$	—
PID	$1.67\delta_{cr}$	$0.50T_{cr}$	$0.125T_{cr}$

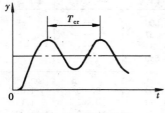

图 2.18　系统的临界振荡过程

1. 将控制器的积分时间 T_I 设置为最大值（$T_I = \infty$），微分时间 T_D 设置为零（$T_D = 0$），比例带 δ 取较大值，将控制系统投入运行。

2. 在系统运行稳定以后，逐渐减小比例带，直到系统出现如图2.18所示的等幅振荡，即所谓的临界振荡过程。记下此时的比例带 δ，即为临界比例带 δ_{cr}，并计算两个波峰间的时间，即为临界振荡周期 T_{cr}。

3. 利用 δ_{cr} 和 T_{cr} 的值，按表2.3给出的相应的计算公式，求得控制器整定参数 δ、T_I 和 T_D 的值。

应当注意的是，当采用稳定边界法整定控制器参数时，控制系统应当工作在线性区，否则就不能根据此时的数据来计算整定参数。

稳定边界法适用于许多控制系统。但是对于那些不允许被调量进入临界振荡状态的系统，以及那些采用纯比例控制时系统本质稳定，因而不可能进入临界振荡状态的系统，是无法采用稳定边界法来进行参数整定的。

其实，在被控对象的传递函数已知的情况下，可以将控制器看做一个纯比例环节 K_C，根据各环节的幅频特性和相频特性，直接计算出系统发生等幅振荡时 δ_{cr} 和 T_{cr} 的值，然后按表 2.13 给出的计算公式，求得 δ、T_I 和 T_D 的值。

【例 2.5】 已知对象的传递函数 $G(s) = \dfrac{1}{(5s+1)(2s+1)}$，测量装置和调节阀的传递函数分别为 $G_m(s) = \dfrac{1}{10s+1}$，$G_v(s) = 3.0$，求 PID 控制器的参数。

【解】 $G_p(s) = \dfrac{3}{(5s+1)(2s+1)(10s+1)}$，将控制器看做一比例环节，当系统处于临界状态时，有

$$
\begin{cases}
G_p(j\omega) = -\tan^{-1}(5\omega_{cr}) - \tan^{-1}(2\omega_{cr}) - \tan^{-1}(10\omega_{cr}) = -\pi & (1) \\
|G_p(j\omega)| = \dfrac{3K_{cr}}{\sqrt{(5\omega_{cr})^2 + 1} \cdot \sqrt{(2\omega_{cr})^2 + 1} \cdot \sqrt{(10\omega_{cr})^2 + 1}} = 1 & (2)
\end{cases}
$$

由（1）式可解得 $\omega_{cr} = 0.412$，$T_{cr} = 2\pi/\omega_{cr} = 15.25$，代入（2）式，得 $K_{cr} = 4.19$。

∴ 查表 2.3，可得控制器参数为

$$K_c = \frac{1}{1.67\delta_{cr}} = \frac{K_{cr}}{1.67} = 2.51;$$

$$T_i = 0.5T_{cr} = 7.63;$$

$$T_d = 0.125T_{cr} = 1.91。$$

三、衰减曲线法

采用衰减曲线法整定控制器参数与稳定边界法相类似，不同的只是采用某衰减比（通常为 4:1 或 10:1）时的设定值扰动的衰减振荡试验数据，然后利用一些经验公式，求取控制器相应的整定参数。对于 4:1 衰减曲线法的具体步骤如下：

1. 将控制器的积分时间 T_I 设置为最大值（$T_I = \infty$），微分时间 T_D 设置为零（$T_D = 0$），比例带 δ 取较大值，将控制系统投入运行。

2. 在系统运行稳定以后，作设定值阶跃扰动，并观察系统的响应。如果系统响应衰减太快，则减小比例带，反之则增大比例带，直到系统出现如图 2.19（a）所示的 4:1 衰

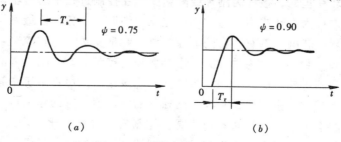

（a）   （b）

图 2.19 系统衰减振荡曲线

减振荡过程（衰减率 $\psi = 0.75$）。记下此时的比例带 δ_s 和振荡周期 T_s 的值。

3. 利用 δ_s 和 T_s 的值，按表2.4给出的相应的计算公式，求得控制器整定参数 δ、T_I 和 T_D 的值。

衰减曲线法参数整定计算公式　　　　　　　　　　　　　　　表2.4

		δ	T_i	T_d
衰减率 $\psi = 0.75$	P	δ_s	—	—
	PI	$1.2\delta_s$	$0.5T_s$	—
	PID	$0.8\delta_s$	$0.3T_s$	$0.1T_s$
衰减率 $\psi = 0.90$	P	δ_s	—	—
	PI	$1.2\delta_s$	$2T_r$	—
	PID	$0.8\delta_s$	$1.2T_r$	$0.4T_r$

衰减曲线法也可以根据实际需要，在衰减比为 10∶1（衰减率 $\psi = 0.90$）的情况下进行。此时应以图2.19（b）中的峰值时间 T_r 为准，按表2.4给出的公式进行计算。

以上介绍的几种控制器参数的工程整定方法有各自的优缺点和适用范围，在具体采用时应当根据系统的特点和运行要求，有针对性地选择适当的整定方法。不管采用哪种方法计算，所得到的控制器参数都应当通过现场试验，反复调整，直到取得满意的效果为止。

第七节　复杂控制系统

当受控对象具有以下特点时，常规 PID 控制的效果不好，而必须采用复杂控制系统：①对象有严重的非线性特性；②对象特性有很长的纯延迟时间；③对象的特性随时间变化；④对象的各个参数之间存在较强的耦合关系；⑤对象的一些参数不能在线测量；⑥控制系统的安全性要求很高。

以下介绍串级控制系统、前馈控制系统和适用于大迟延系统的补偿控制系统三种复杂控制系统。其中串级控制系统是常规 PID 控制系统的改进，另外两种则属于高等过程控制的范畴。

一、串级控制系统

（一）串级控制系统的构成

串级控制系统是改善和提高控制品质的一种极为有效的控制方案，目前已经得到了广泛的应用。一个通用的串级控制系统如图2.20所示。

从图中可以看到，串级系统和简单系统有一个显著的区别，即其在结构上形成了两个闭环。一个闭环在里面，被称为副环或副回路，在控制过程中起"粗调"的作用；另一个闭环在外面，被称为主环或主回路，用来完成"细调"任务，以最终保证被调量满足控制要求。无论主环或者副环都有各自的被控对象、测量变送元件和控制器。在主环内的被控对象、被调量和控制器被称为主对象、主参数和主控制器。在副环内的被控对象、被调量和控制器被称为副对象、副参数和副控制器。应该指出，尽管系统中有两个控制器，但是它们的作用各不相同。主控制器具有自己独立的设定值，它的输出作为副控制器的设定值，而副控制器的输出信号则被送到调节阀去控制实际过程。比较串级系统和简单系统，前者只比后者多了一个测量变送元件和一个控制器，增加的设备投资并不多，但控制效果

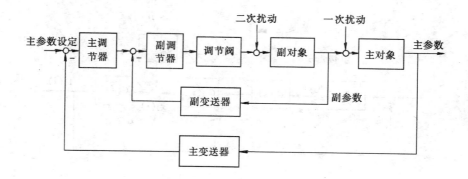

图 2.20　一般串级控制系统

却有显著的提高。

（二）串级控制系统的分析

串级控制系统只是在结构上增加了一个副回路，为什么会收到如此明显的效果呢？

首先是副环具有快速作用，它能够有效地克服二次扰动的影响。可以说串级系统主要是用来克服进入副回路的二次干扰的。对图 2.21 所示的串级控制系统方框图进行分析，可以更进一步说明问题的本质。图中 $G_{c1}(s)$、$G_{c2}(s)$ 是主、副控制器的传递函数；$G_{p1}(s)$、$G_{p2}(s)$ 是主、副对象的传递函数；$G_{m1}(s)$、$G_{m2}(s)$ 是主、副测量变送器的传递函数；$G_v(s)$ 是调节阀的传递函数；$G_{d2}(s)$ 是二次干扰通道的传递函数。

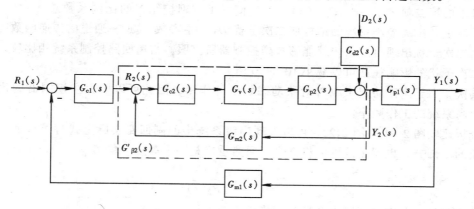

图 2.21　串级控制系统方框图

当二次干扰经过干扰通道环节 $G_{d2}(s)$ 进入副环后，首先影响副环参数 y_2，于是副控制器立即动作，力图消除干扰的影响。显然，干扰经副环的抑制后再进入主环，对 y_1 的影响将有较大的削减。按图 2.21 所示的串级控制系统，可以算出二次干扰 D_2 对主调节参数 y_1 的传递函数为：

$$\frac{Y_1(s)}{D_2(s)} = \frac{\dfrac{G_{d2}(s)G_{p1}(s)}{1+G_{c2}(s)G_v(s)G_{p2}(s)G_{m2}(s)}}{1+G_{c1}(s)G_{m1}(s)G_{p1}(s)\dfrac{G_{c2}(s)G_v(s)G_{p2}(s)}{1+G_{c2}(s)G_v(s)G_{p2}(s)G_{m2}(s)}}$$

$$= \frac{G_{d2}(s)G_{p1}(s)}{1+G_{c2}(s)G_v(s)G_{p2}(s)G_{m2}(s)+G_{c1}(s)G_{m1}(s)G_{p1}(s)G_{c2}(s)G_v(s)G_{p2}(s)}$$

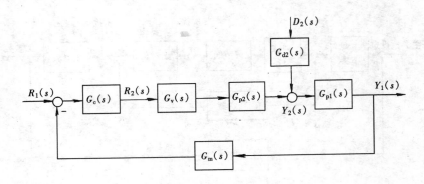

图 2.22 单回路控制系统方框图

为了与一个简单控制系统相比较，由图 2.22 可以很容易地得到单回路控制下 D_2 到 y_1 的传递函数为：

$$\frac{Y_1(s)}{D_2(s)} = \frac{G_{d2}(s) G_{p1}(s)}{1 + G_c(s) G_v(s) G_{p1}(s) G_{p2}(s) G_m(s)}$$

比较上面两个式子，首先假定 $G_c(s) = G_{c1}(s)$，同时注意到单回路系统中的 $G_m(s)$ 就是串级系统中的 $G_{m1}(s)$，可以看到，串级系统传递函数的分母中多了一项，即 $G_{c2}(s) G_v(s) G_{p2}(s) G_{m2}(s)$。在主环的工作频率下，这项乘积一般是比较大的，而且随着副控制器比例系数的增大而增大；另外串级系统传递函数分母中的第三项比单回路系统传递函数分母中的第二项多了一个 $G_{c2}(s)$。一般情况下，副控制器的比例系数总是大于 1 的。因此可以说，串级控制系统的结构使二次干扰 D_2 到主参数 y_1 这一通道的传递函数明显减小。当二次干扰出现时，很快就能够被副控制器所克服。与单回路控制系统相比较，被调量受二次干扰的影响往往可以减小 10 ~ 100 倍。

其次，由于副回路起了改善对象动态特性的作用，因此可以增大主控制器的比例系数，提高系统的工作频率。

分析比较图 2.21 和图 2.22，可以发现串级系统中的副回路实际上代替了单回路系统中对象的一部分，也就是说可以将整个副回路看成是一个等效对象 $G'_{p2}(s)$，记作

$$G'_{p2}(s) = \frac{Y_2(s)}{R_2(s)}$$

为了简单起见，假定副回路中各环节的传递函数为：

$$G_{p2}(s) = \frac{K_{p2}}{T_{p2}s + 1}; \quad G_{c2} = K_{c2}; \quad G_v(s) = K_v; \quad G_{m2}(s) = K_{m2}$$

将上述各式代入 $G'_{p2}(s)$ 的表达式中，可得

$$G'_{p2}(s) = \frac{Y_2(s)}{R_2(s)} = \frac{K_{c2} K_v \dfrac{K_{p2}}{T_{p2}s + 1}}{1 + K_{c2} K_v K_{m2} \dfrac{K_{p2}}{T_{p2}s + 1}} = \frac{\dfrac{K_{c2} K_v K_{p2}}{1 + K_{c2} K_v K_{m2} K_{p2}}}{1 + \dfrac{P_{p2}s}{1 + K_{c2} K_v K_{m2} K_{p2}}}$$

$$K'_{p2} = \frac{K_{c2} K_v K_{p2}}{1 + K_{c2} K_v K_{m2} K_{p2}}$$

$$T'_{p2} = \frac{T_{p2}s}{1 + K_{c2} K_v K_{m2} K_{p2}}$$

则有

$$G'_{p2} = \frac{K'_{p2}}{T'_{p2} s + 1}$$

式中，K'_{p2} 和 T'_{p2} 分别为等效对象的比例系数和时间常数。

比较 $G_{p2}(s)$ 和 $G'_{p2}(s)$，由于 $1 + K_{c2} K_v K_{p2} K_{m2} > 1$ 这个不等式在任何时候都成立，因此有

$$T'_{p2} < T_{p2}$$

这就说明了由于副回路的存在，起到了改善动态特性的作用。等效对象的时间常数减小了 $(1 + K_{c2} K_v K_{p2} K_{m2})$ 倍，而且随着副控制器比例系数的增大而减小。通常情况下，副控制器的比例系数可以取得很大，这样，等效时间常数就可以减小到很小的数值，从而加快了副回路的响应速度，提高了系统的工作频率。

最后，由于副回路的存在，使串级控制系统有一定的自适应能力。

我们知道，实际过程往往包含一些非线性因素。因此，在确定的工作点情况下，按一定的控制质量指标整定的控制器参数只适用于工作点附近的一个小范围。如果实际负荷变化过大，超过了这个范围，控制质量就会下降。这个问题在单回路控制系统中，若不采取其他措施是难以解决的。但是，在串级控制系统中，负荷变化引起副回路内各环节参数的变化，可以较少影响或基本上不影响系统的控制质量。这可以用副回路等效对象的比例系数表达式来说明。等效对象的比例系数为：

$$K'_{p2} = \frac{K_{c2} K_v K_{p2}}{1 + K_{c2} K_v K_{m2} K_{p2}}$$

一般情况下，有 $K_{c2} K_v K_{p2} K_{m2} \gg 1$，所以

$$K'_{p2} \approx \frac{1}{K_{m2}}$$

因此，当由于负荷变化造成副对象或者调节阀的特性发生变化时，对等效对象的比例系数影响并不大，因而在不改变控制器整定参数的情况下，串级控制系统的副回路能自动地克服非线性因素的影响，保持或接近原有的控制质量。

（三）串级控制系统设计、实施和整定中的几个问题

1. 副参数的选择应使副回路的时间常数小、调节通道短、反应灵敏通常串级控制系统被用来克服对象的滞后和纯延迟。也就是说，应当这样来选择副参数，使得副回路的时间常数小、调节通道短、从而使等效对象的时间常数大大减小，提高了系统的工作频率，加快了反应速度，缩短控制时间，最终改善系统的控制品质。

2. 副回路应当包含被控对象所受到的主要干扰

串级控制系统对二次干扰有较强的抗干扰能力。为了发挥这一特殊作用，在系统设计时，应当在选择副参数时使得副回路能够尽可能多地包括一些扰动。当然，如果把所有的扰动都包括在副回路以内，那么主回路就会失去作用，串级控制也就不成其为串级控制了。在具体情况下，副回路的范围应当多少大，决定于整个被控对象的情况，以及各种扰动影响的大小。副回路的范围也不是越大越好。副回路太大，会使得副回路本身的调节性能变差，同时还可能影响主回路的调节性能。

3. 主、副回路工作频率的选择

为了保持串级控制系统的性能，避免主、副回路之间出现"共振"现象，应当在主回路的工作周期 T_{d1} 与副回路的工作周期 T_{d2} 之间保持以下关系：

$$T_{d1} = (3 \sim 10)T_{d2}$$

4．主、副控制器的选型与整定

在串级控制系统中，主控制器与副控制器的任务不同，对于它们的选型即控制作用规律的选择也各不相同。

副控制器的任务是要快速动作，以迅速抵消副回路内二次扰动的影响，而且副参数一般并不要求无差，所以副控制器一般可选用比例控制器，也可以采用比例-微分控制器，但是这样就增加了系统的复杂性，而效果并不很大。在一般情况下，采用比例控制器就足够了。只有在主、副回路的工作频率相差很大时，才可考虑采用比例-积分控制器。

主控制器的任务是准确保持被调量符合要求。凡是需要采用串级控制的场合，对控制品质总是有很高的要求，不会允许残余偏差的存在。因此，主控制器都必须具有积分作用，一般采用比例-积分控制器。如果尚有部分主要扰动落在副回路之外的话，就要考虑采用比例－积分-微分控制器。

在计算主、副控制器各参数时，一般采用稳定边界法。如果副对象的传递函数比较简单，也可以采用动态特性参数法。首先，将副回路单独加以计算，得到副控制器的各项参数。然后，将副回路等效为主回路的一个环节（实际上是被控对象中的一部分），再计算主控制器的各项参数。

由于在串级控制系统中，主、副回路不可避免地存在相互影响，因此控制器参数都必须在实际运行中加以调整。在进行实际运行调整时，如果主、副回路的工作频率相差很多，互相之间影响不大，可以在主回路开环的情况下，先按照整定单回路控制系统的方法将副控制器整定好，再在副控制器投入运行的情况下，按照整定单回路控制系统的方法整定主控制器。

如果由于受到副控制器参数选择的限制，使得主、副回路的工作频率比较接近时，它们之间的互相影响就比较大了。在这种情况下，就需要在主、副回路之间反复进行试验、调整，才能得到最佳的整定。这时得到的最终整定值，可能与计算值相差较大，这是因为在进行主、副控制器参数计算时，并没有将主、副控制器之间的相互影响考虑在内。

另外，在一些智能控制系统中，也经常采用串级控制的结构形式。这时，副控制器通常采用常规的 PID 控制器，而主控制器则采用模糊控制器或基于规则的控制器等。这时主控制器的输出既可以和普通串级控制系统一样，作为副控制器的给定值，也可以作为副控制器给定值的修正值。这样做的原因主要是因为副控制器所调节的对象一般来说相对比较简单，容易求得其数学模型，从而能够对 PID 控制器进行精确的整定；而主控制器所调节的对象往往比较复杂，各种干扰因素和不确定因素很多，不容易甚至不可能求得其准确的数学模型。如果主控制器采用模糊控制器或基于规则的控制器等，就可以绕开构造复杂数学模型的障碍，综合智能控制和 PID 控制各自的优点，取得更好的控制效果。

二、前馈控制系统

（一）前馈控制系统的基本概念

我们知道，反馈控制系统是在被调量由于扰动的作用而出现偏差以后，调节器根据偏差的大小和方向发出控制命令，以补偿扰动对被调量的影响，最后消除（或基本消除）偏差。如果扰动已经发生，但是被调量尚未发生变化，则调节器将不会产生控制作用。所以，反馈控制作用总是滞后于扰动，不是一种及时的控制，总会造成受控过程的动态偏差。实际上，受控过程的动态偏差，就是反馈控制系统的控制依据。因此，当有扰动作用于受控过程时，反馈控制系统的固有性质决定了其不可能在受控过程不发生动态偏差的前提下消除偏差。这样，有时候其控制品质就比较差。

为了解决上述问题，提出了一种直接根据造成偏差的原因（即扰动）进行控制的新方法，即当扰动一出现，在被调量尚未发生变化的时候，控制器就根据测得的扰动性质和大小给出必要的控制指令，以补偿扰动的影响，使得被调量保持不变或基本不变。这种直接根据造成被调量变化的原因，而不是根据被调量发生的变化进行控制的方法，称为前馈控制。相对于反馈控制来说，前馈控制作用是及时的，理论上能够做到完全补偿，即当扰动作用于受控对象时，被调量在理论上能够完全不发生变化。

（二）前馈控制系统的构成

在前馈控制系统中，控制器往往被称为补偿器。在理想情况下，可以把补偿器设计到完全补偿，即在所考虑的扰动下被调量始终保持不变。在图 2.23 中，Y 和 D 分别代表被调量和扰动量，$G_p(s)$ 和 $G_d(s)$ 分别代表受控对象不同通道的传递函数。如果没有补偿器的话，扰动量 D 只通过 $G_d(s)$ 影响 Y，即

$$Y(s) = G_d(s)D(s)$$

但在有了补偿器以后，扰动量 D 同时还通过补偿通道中 $G_{ff}(s)$ $G_v(s)$ $G_p(s)$ 来影响被调量 Y（其中 $G_v(s)$ 是阀门特性），因而

$$Y(s) = G_d(s)D(s) + G_{ff}(s)G_v(s)G_p(s)D(s)$$

或者写为

$$\frac{Y(s)}{D(s)} = G_d(s) + G_{ff}(s)G_v(s)G_p(s)$$

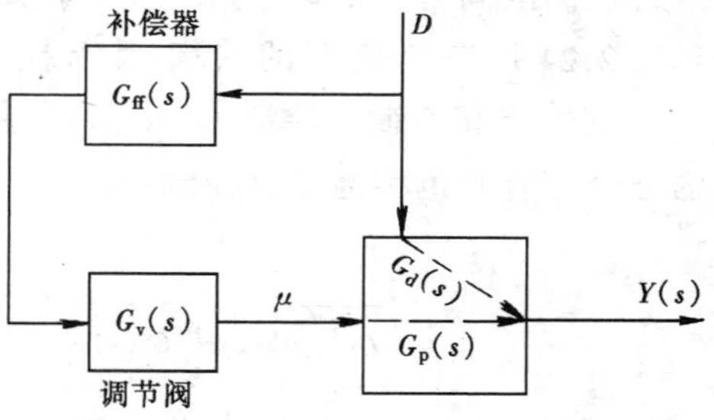

图 2.23　前馈控制系统的设计

我们的目的是要使得被调量完全不受扰动量的影响，即要求以上传递函数等于零，则有

$$G_{ff}(s) = -\frac{G_d(s)}{G_v(s)G_p(s)}$$

这样扰动 D 对于被调量 Y 的影响将为零。

另外，从图 2.23 中我们可以看到，前馈控制系统是一个开环系统，因此在系统稳定性等方面与反馈控制系统相比也有很大的优越性。

但是，即使我们能够准确地求得 $G_d(s)$、$G_v(s)$ 和 $G_p(s)$，由于受到实际过程延迟特性的影响，也不一定能够在物理上实现一个补偿器。为了说明这一点，我们将 $G_d(s)$ 和 $G_p(s)$ 重新写为 $G'_d(s)$ $e^{-\tau_d s}$ 和 $G'_p(s)$ $e^{-\tau_p s}$，其中 τ_d、τ_p 分别为 $G_d(s)$ 和 $G_p(s)$ 的纯延迟时间。重写 $G_{ff}(s)$ 的表达式，有

$$G_{ff}(s) = -\frac{G'_d(s)e^{-\tau_d s}}{G_v(s)G'_p(s)e^{-\tau_p s}} = -\frac{G'_d(s)}{G_v(s)G'_p(s)}e^{-(\tau_d-\tau_p)s}$$

如果 $\tau_d > \tau_p$，整个补偿器为一个滞后环节，在物理上可以实现。但是如果 $\tau_d < \tau_p$，整个补偿器就成为一个超前环节，这在物理上是不可能实现的。因此，能够求出补偿器的传递

函数 $G_{ff}(s)$，并不一定意味着一定能够实现完全补偿。

（三）前馈-反馈控制系统

前馈控制系统虽然有很突出的优点，但是也有它的不足之处。首先是模型准确性问题。要达到高度的模型准确性，不仅要求有准确的、不随时间变化的数学模型，同时还要求测量仪表和计算装置非常准确，这在实际系统中是难以满足的。例如数学模型中的系数，就可能随时间和运行条件的改变而变化，使模型准确性受到一定的限制。而模型不准确的直接后果，就是补偿器不能完全补偿扰动的影响，造成被调量偏离期望值。由于前馈控制系统是一个开环系统，这一偏差将无法得到纠正。

其次，前馈控制系统在设计时是针对某一个具体的扰动进行的，希望对这个扰动产生的影响进行完全的补偿。但是在实际过程中，扰动因素往往很多，这些扰动因素有些是已知的，有些是未知的或者是不确定的。就是在已知的扰动因素中，其中有一些仍然可能是难以测量或者无法测量的。在一个实际系统中，我们当然不可能针对所有已知及未知或不确定的扰动全都进行补偿，而只能针对一、两个主要扰动进行前馈控制，这当然不能补偿其他扰动量所引起的被调量的变化。同样，被调量的这些变化也无法得到纠正。

因此，前馈控制往往需要和反馈控制结合起来，构成前馈–反馈控制系统。这样既能够发挥前馈控制作用及时、理论上能够完全补偿扰动影响的优点，又能保持反馈控制能够同时克服多个扰动量的影响，而且在无法准确确定扰动量的情况下还有控制作用，并能够在进行控制的同时对被调量进行反馈检测的长处。

图 2.24 是一个典型的前馈-反馈控制系统方框图。系统的校正作用是反馈调节器 $G_c(s)$ 的输出和前馈补偿器 $G_{ff}(s)$ 的输出的叠加，因此实际上是一种偏差控制和扰动控制的结合，有时也称为复合控制系统。

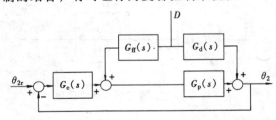

图 2.24　前馈-反馈控制系统方框图

很明显，前馈-反馈控制系统实现对扰动完全补偿的条件与前馈控制系统完全相同，而在反馈控制系统中加入了前馈补偿器也不会对反馈控制器（可以是常规的 PID 控制器，也可以是模糊控制器或基于规则的控制器等）的各项参数带来多大的变化。惟一不同的是由于前馈控制补偿（或部分补偿）了主要扰动所引起的被调量的变化，从而显著减小了反馈控制器需要完成的工作量，降低了对反馈控制器的要求。因此，前馈-反馈控制系统可以将前馈补偿器和反馈控制器分别进行设计和参数整定，然后再组合在一起进行工作。

我们看到，将前馈系统和反馈系统组合在一起以后，这两种控制方法的相互补充、相互适应构成了一种十分有效又相当简单的控制方案。由于这种控制方案具有明显的优点，它正在得到越来越广泛的使用。

三、大迟延系统

（一）概述

在实际过程中，被控对象除了具有由过程时间常数造成的滞后以外，往往存在不同程度的纯延迟。在这些过程中，由于纯延迟的存在，使得被调量不能及时反映系统所受到的扰动，即使测量信号传送到控制器，控制器据此发出控制信号以后，也需要经过纯延迟时间 τ 以后，才能影响到被调量，使其得到控制。因此，这样的过程必然会产生较大的超调量和较长的调节时间。所以，具有纯延迟的过程被公认为是比较难以控制的过程，其难控程度将随着纯延迟 τ 占整个系统动态过程的比例的增加而增加。一般认为，当纯延迟时间 τ 与过程的时间常数 T 之比 τ/T 大于 0.3 时，就认为该过程具有大迟延过程的特征。

解决大迟延过程的控制问题的方法很多，最简单的是利用常规 PID 控制器适应性强、调整方便的特点，经过仔细的、有针对性的调整以后，在控制要求不是十分苛刻的情况下，满足工艺要求。或者是采用微分先行和中间反馈的控制方案，对常规 PID 控制器稍加改动，以改善控制效果。但是，无论采用哪种方案，都存在被调量超调大、响应速度慢、调节时间长等缺点。在对控制品质要求比较高的场合，则需要采用其他控制手段。

（二）预估补偿控制方法

在大迟延系统中采用的补偿方法不同于前馈补偿，它不是根据扰动信号，而是按照过程本身的特性设计出一种模型加入到反馈控制系统中，以补偿过程的动态特性。这种补偿反馈也因其构成模型的方法不同而构成不同的方案。

史密斯（Smith）预估补偿方案是得到广泛应用的方案之一。它的特点是预先估计出

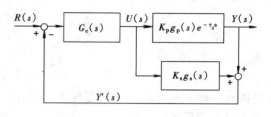

图 2.25　史密斯预估补偿控制原理图

过程在基本扰动下的动态特性，然后由预估器进行补偿，尽量使得被迟延了 τ 的被调量提前反映到调节器，使调节器提前动作，从而明显地减小了超调量，同时加快了调节过程。其控制原理图如图 2.25 所示。

图中，$K_p g_p(s)$ 是被控对象除去纯延迟环节 $e^{-\tau_d s}$ 以后的传递函数，$K_s g_s(s)$ 是史密斯预估补偿器的传递函数。如果系统中没有补偿器，则由控制器输出 $U(s)$ 到被调量 $Y(s)$ 之间的传递函数为

$$\frac{Y(s)}{U(s)} = K_p g_p(s) e^{-\tau_d s}$$

上式表明，受到调节作用以后的被调量要经过纯延迟 τ_d 之后才能返回到控制器。在加入了预估补偿器以后，调节量 $U(s)$ 与反馈到调节器的信号 $Y'(s)$ 之间的传递函数是两个并联通道之和，即

$$\frac{Y'(s)}{U(s)} = K_p g_p(s) e^{-\tau_d s} + K_s g_s(s)$$

为了使反馈到控制器的信号 $Y'(s)$ 不被迟延 τ_d，则要求

$$\frac{Y'(s)}{U(s)} = K_p g_p(s)$$

所以，有

$$K_s g_s(s) = K_p g_p(s)(1 - e^{-\tau_d s})$$

一般称按上式构成的预估补偿器为史密斯补偿器，其实现框图如图 2.26 所示，只要一个与对象除去纯延迟环节后的传递函数 $K_p g_p(s)$ 相同的环节和一个滞后时间等于 τ_d 的纯延迟环节就可以组成史密斯预估补偿器，它将消除大迟延对系统过渡过程的影响，使调节

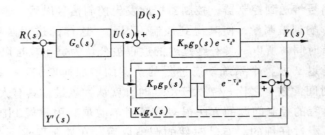

图 2.26　史密斯预估补偿系统方框图

过程的品质可以与受控过程没有纯延迟环节时的情况一样，只是在时间轴上推迟了一个 τ_d。

从上图中可以推导出系统的闭环传递函数为

$$\frac{Y(s)}{R(s)} = \frac{\dfrac{K_\mathrm{p}g_\mathrm{p}(s)\,G_\mathrm{c}(s)\,e^{-\tau_\mathrm{d}s}}{1 + K_\mathrm{p}g_\mathrm{p}(s)\,G_\mathrm{c}(s)(1 - e^{-\tau_\mathrm{d}s})}}{1 + \dfrac{K_\mathrm{p}g_\mathrm{p}(s)\,G_\mathrm{c}(s)\,e^{-\tau_\mathrm{d}s}}{1 + K_\mathrm{p}g_\mathrm{p}(s)\,G_\mathrm{c}(s)(1 - e^{-\tau_\mathrm{d}s})}} = \frac{K_\mathrm{p}g_\mathrm{p}(s)\,G_\mathrm{c}(s)\,e^{-\tau_\mathrm{d}s}}{1 + K_\mathrm{p}g_\mathrm{p}(s)\,G_\mathrm{c}(s)}$$

很显然，此时在系统的特征方程中，已经不包含 $e^{-\tau_\mathrm{d}s}$ 项，这就说明史密斯预估补偿器已经消除了纯延迟对系统控制品质的影响。至于闭环传递函数分子上的 $e^{-\tau_\mathrm{d}s}$ 项，它说明被调量 $y(t)$ 的响应要比设定值的变化滞后 τ_d 时间，这是由受控对象的本质所决定的。

史密斯预估补偿器最大的缺点是对被控对象数学模型的误差十分敏感，这个问题极大地限制了它的应用。通过计算机仿真可以知道，哪怕纯延迟时间 τ_d 相差百分之几，系统就可能从稳定变为不稳定。另外，从图 2.26 中可以看出，外界扰动 $D(s)$ 的作用点在预估补偿器之后，因此预估补偿器只能补偿设定值扰动，而对外界扰动没有补偿作用。

如果在史密斯补偿器回路中增加一个反馈环节 $G_\mathrm{f}(s)$ 如图 2.27 所示，则系统就可以

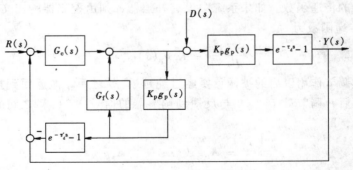

图 2.27　完全抗干扰的史密斯补偿器

达到完全抗干扰的目的。从图中可以得到

$$\frac{Y(s)}{D(s)} = \frac{K_\mathrm{p}g_\mathrm{p}(s)\,e^{-\tau_\mathrm{d}s}}{1 + \dfrac{K_\mathrm{p}g_\mathrm{p}(s)\,G_\mathrm{c}(s)\,e^{-\tau_\mathrm{d}s}}{1 + K_\mathrm{p}g_\mathrm{p}(s)\,G_\mathrm{f}(s) + K_\mathrm{p}g_\mathrm{p}(s)\,G_\mathrm{c}(s)(1 - e^{-\tau_\mathrm{d}s})}}$$

$$= \frac{[1 + K_\mathrm{p}g_\mathrm{p}(s)\,G_\mathrm{f}(s) + K_\mathrm{p}g_\mathrm{p}(s)\,G_\mathrm{c}(s)(1 - e^{-\tau_\mathrm{d}s})]\,K_\mathrm{p}g_\mathrm{p}(s)\,e^{-\tau_\mathrm{d}s}}{1 + K_\mathrm{p}g_\mathrm{p}(s)\,G_\mathrm{f}(s) + K_\mathrm{p}g_\mathrm{p}(s)\,G_\mathrm{c}(s)}$$

如果要系统完全不受外界扰动 $D(s)$ 的影响，则只要令上式中的分子等于零，即
$$1 + K_p g_p(s) G_f(s) + K_p g_p(s) G_c(s)(1 - e^{-\tau_d s}) = 0$$
由此可以得到 $G_f(s)$ 的传递函数为
$$G_f(s) = \frac{1 + K_p g_p(s) G_c(s)(1 - e^{-\tau_d s})}{K_p g_p(s)}$$

增加反馈环节 $G_f(s)$ 以后，被调量 $Y(s)$ 到设定值 $R(s)$ 的闭环传递函数为
$$\frac{Y(s)}{R(s)} = \frac{K_p g_p(s) G_c(s) e^{-\tau_d s}}{1 + K_p g_p(s) G_f(s) + K_p g_p(s) G_c(s)}$$
将 $G_f(s)$ 的表达式代入，得
$$\frac{Y(s)}{R(s)} = \frac{K_p g_p(s) G_c(s) e^{-\tau_d s}}{K_p g_p(s) G_c(s) e^{-\tau_d s}} = 1$$

这就是说，在增加了反馈环节 $G_f(s)$ 以后，系统既可以完全跟踪设定值 $Y(s)$ 的变化，又可以对外界扰动 $D(s)$ 无差地进行补偿。只是 $G_f(s)$ 的完全实现不很容易，特别是当对象是用高阶微分方程来描述时更是如此。但是这个结论对改善史密斯补偿器的抗干扰能力仍然具有指导意义。

第三章 传感器原理

第一节 概 述

在楼宇自控系统中，为了对各种变量（物理量）进行检测和控制，首先要把这些物理量转换成容易比较而且便于传送的信息，这就要用到传感器。顾名思义，传感器就是不但对被测量的变化敏感，而且能够将所测得的物理量传送出去的装置。通常，它包含敏感元件和变送器两个部分。

1. 敏感元件

敏感元件是能够灵敏地感受被测量并做出响应的元件。一般而言，这一"响应"通常为电信号（包括电压、电流和电阻等），少数场合也可能是位移或其他信号。为了获得被测量的精确数值，我们不仅希望敏感元件对所测物理量足够灵敏，还希望它能够不受或者少受环境因素和时间因素的影响。

如果敏感元件的输出响应与输入变量之间是线性关系（即正比或反比关系），这当然是最便于应用的。但是，即使是非线性关系，只要这种关系能够确定并且不随时间变化，也可以满足基本的使用要求。

2. 变送器

各种敏感元件对被测量的响应信号，由于敏感元件的不同，在物理量的形式和数值范围方面都各不相同。变送器的任务，就是将各种不同的信号，统一转换成在物理量的形式和取值范围方面都符合国际标准的统一信号。在当前的模拟控制系统中，统一信号为 4～20mA 的直流电流信号，习惯上称为Ⅱ类信号。有时候，Ⅱ类信号也可以是 1～5V 的直流电压信号，用于与计算机系统的接口。在这以前，还有Ⅰ类信号，其形式为 0～10V 的直流电压信号。由于Ⅰ类信号的抗干扰能力较差，目前已经很少使用。

有了统一的信号形式和数值范围，就便于把各种传感器和其他仪表或控制装置构成控制系统。无论什么仪表或控制装置，只要具有同样标准的输入电路或接口，就可以从各种传感器获得被测量的信息。这样，兼容性和互换性大为提高，仪表的配套也更加方便。

变送器的另一个功能，就是在将敏感元件的响应信号变换为标准信号的同时，校正敏感元件的非线性特性，使之尽可能地接近线性。

第二节 传感器的主要性能参数

为了评价传感器的性能，我们通常用下列参数进行衡量：

1. 量程 量程表示传感器预期要测量的被测量，一般用传感器允许测量的上、下极限值来表示。如果下限值为零，则上限值又称为满量程值。

2. 精度 精度表示测量结果与被测量"真值"的接近程度。由于精度一般是在校验或者标定的过程中来确定的，此时，"真值"由其他更精确的仪器或工作基准来给出。精度一般用"极限误差"来表示，或者用极限误差与传感器量程之比的百分数给出。

3. 重复性　重复性反映的是在不变的工作条件下，重复地给予某个相同的输入时，其输出的一致性，其意义和表示方法与精度相似。

4. 线性　有时也称为非线性，表示传感器在全量程内的输出与输入的关系曲线，与预定工作直线的偏离程度。传感器的线性或非线性误差就是用工作直线与实际工作曲线之间最大的偏差与量程之比来表示。

5. 回差　回差反映传感器在输入值增加过程和减少过程中，相对于同一输入量的输出量的差别。

6. 灵敏度　灵敏度是传感器的输出增量与输入（被测量）增量之比，通常是用工作直线的斜率来表示。如果传感器的特性具有明显的非线性，则利用其工作特性曲线上某一点的 dy/dx 来表示该点的灵敏度。

以上各项参数衡量的是传感器的静态特性。对于传感器的动态特性，一般以类似与阶跃响应的各项参数（如时间常数、超调量、上升时间等）来衡量。由于大部分传感器都可以用一阶系统来近似，因此时间常数就成为描述传感器动态特性的一个主要参数。

7. 时间常数　这里时间常数的意义，是指当被测量发生一个阶跃变化的时候，输出信号从零变化到稳态值的 63.2% 所需要的时间。在一般情况下，传感器的时间常数总是远小于受控对象的时间常数，通常不必考虑。但是，如果被测量的变化速度很快，则应当充分考虑传感器时间常数对控制品质的影响。

第三节　温度传感器

温度传感器是把温度转换成电信号的传感器。温度传感器发展较早，应用也很广泛。温度传感器敏感元件利用物体随着温度变化而发生的体积变化、电阻变化以及温差电现象等，将测点的温度变化转换成电信号。温度传感器的类型很多，在楼宇自控系统中经常采用的有热电偶、热电阻和半导体热敏电阻等。无论采用哪种温度传感器，在测量气体和液体的温度时，都应当完全浸没在被测气体或液体中，并且希望气体流速能够大于 2m/s，液体流速大于 0.3m/s，以期迅速达到热平衡。

1. 热电偶

将不同材质的两种金属导线互相焊接起来，将焊点置于被测温度下，两根导线的另一端就会出现电动势，其值与被测温度之间有确定的关系。这种温度传感器就称为热电偶。

热电偶的特点是结构简单，根据所选择的两根导线的材质，最高可以测量 1600℃ ～ 1800℃ 的高温，本身尺寸小，可以用来测量狭小空间的温度，而且热惯性也小，动态响应快，输出信号为直流电动势，便于转换、传送和测量。

热电偶所提供的信号称为"热电动势"，它是不超过几十毫伏的微弱直流电动势。热电动势是由两种物理效应所形成的：

（1）接触电动势

两种不同导体 A 和 B，其自由电子密度不等，在焊点处有电子扩散现象，因而产生接触电动势。接触电动势不仅与材质有关，而且与焊点处的温度有关。

根据物理学的有关原理，两种不同金属在温度为 T 时的热电动势为

$$e_{AB}(T) = \frac{KT}{e}\ln\frac{n_A}{n_B}$$

式中　K——波尔兹曼常数，$K = 1.380622 \times 10^{-23}\text{J·K}^{-1}$；

　　　T——焊点处的绝对温度；

n_A、n_B——两种金属材料的自由电子浓度；

　　　e——电子电量，$e = 1.6022 \times 10^{-19}\text{C}$。

同理，在温度为 T_0 时的热电动势为

$$e_{AB}(T_0) = \frac{KT_0}{e}\ln\frac{n_A}{n_B}$$

（2）温差电动势

同一材质的导体 A，当两端温度分别为 T 和 T_0，且 $T > T_0$ 时，自由电子的分布会不均匀，因此出现温差电动势 e_A。温差电动势 e_A 与材质和温度差有关，为

$$e_A = \frac{K}{e}\int_{T_0}^{T}\frac{1}{n_A}\frac{\mathrm{d}n_A}{\mathrm{d}t}\mathrm{d}\theta$$

式中 K、e 和 n_A 的含义与上式相同。同理可求出导体 B 的温差电动势 e_B。

将导体 A 和 B 焊接成闭环，一个焊点在温度 T 下，另一个焊点在温度 T_0 下，就会在环形电路中出现四个电动势，如图 3.1（a）所示。这四个电动势分别为 $e_{AB}(T)$、$e_{AB}(T_0)$、$e_A(T, T_0)$ 和 $e_B(T, T_0)$。它们的代数和不等于零，记为 $E_{AB}(T, T_0)$。

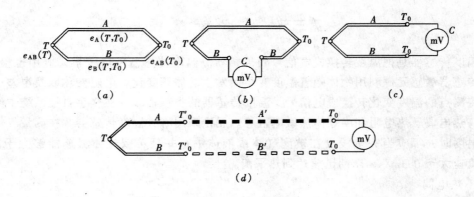

图 3.1　热电偶电路的组成

因此，整个回路的热电动势为

$$E_{AB}(T, T_0) = e_{AB}(T) - e_{AB}(T_0) - e_{AB}(T, T_0)$$

式中 $e_{AB}(T, T_0) = e_A(T, T_0) - e_B(T, T_0)$。

与接触电动势 $e_{AB}(T) - e_{AB}(T_0)$ 相比较，温差电动势 $e_{AB}(T, T_0)$ 要小得多，因此有

$$E_{AB}(T, T_0) \approx e_{AB}(T) - e_{AB}(T_0) = \frac{K}{e}\ln\frac{n_A}{n_B}(T - T_0)$$

从上式可以看出，热电动势大致上与温度差成线性关系。但是，我们通过热电动势测

量的，并不是某一点的绝对温度，而是导体 A 和 B 构成的闭环两端的温度差。

通常热电偶用于测量高温，所以一般有 $T > T_0$。因此，将 T 处的焊点称为"热端"，也叫"工作端"；把 T_0 处的焊点称为"冷端"，也叫"参考端"。

由于导体 A 和 B 构成一个闭环，其中的温差电动势究竟有多大无从知道，必须把它断开，接入仪表以后才能测量。所接入的仪表一般由第三种导体 C 构成，于是电路就成为图 3.1 (b)。

闭环回路中出现了除 A、B 之外的第三种导体 C 之后，总电动势会有什么变化呢？根据产生热电动势的规律可知，只要保持第三种导体 C 的两端温度相同，则它的接入对总电动势没有影响。既然如此，就可以将冷端的焊点断开，接入测量仪表，并保持其两端都在冷端温度 T_0 之下，就能测出总电动势 E_{AB}，如图 3.1 (c) 所示。

关键的问题是要保持参考端温度 T_0 已知且稳定不变，最好是保持在 0℃，这样就可以直接测得工作端的温度。但是在现场条件下，这点往往难以做到。因此，就提出了几种补偿参考端温度变化的方法，如 0℃ 恒温法、补偿电动势法和计算修正法等。如果被测温度很高，譬如在 1000℃ 以上，而参考端的温度保持在室温范围之内，则由于参考端温度变化所带来的相对误差较小，在测量精度要求不高的情况下，也可以不用参考端温度补偿。但是，如果被测温度接近室温，或在室温范围之内，则必须考虑参考端温度变化的影响，采用适当方法补偿参考端温度的变化。

当热电偶安装在测量现场，而测量（控制）仪表安装在控制室内时，两者的距离往往相隔几十米甚至几百米，如何将热电偶的信号从现场引入控制室就成为另一个问题。当构成热电偶的材质 A 和 B 是廉价金属时，可以采用与 A、B 同样材质但是包有绝缘层的导线，将信号送出。这种导线称为"延伸导线"。如果 A 和 B 是贵重金属，就必须用价格便宜的专用导线 A' 和 B' 将信号引出（图 3.1 (d)）。这种专用导线称为"补偿导线"，它在室温范围内与 A 和 B 具有同样或十分接近的热电性质，因此不会产生附加电动势。

延伸导线和补偿导线的极性一定要与热电偶正确连接。不然，不但起不了应有的作用，反而会使误差进一步增大。这一点必须特别注意。

从热电动势的表达式中，我们知道热电动势决定于构成热电偶的两种材质，以及其冷热端的温差，而热电偶的测量范围也取决于两种导体的材质。为了表示方便起见，一般采用"分度号"来表示构成热电偶的两种材质、它的测温范围以及热电动势与温度之间的关系。表 3.1 为常用热电偶的分度号与特性对照表。

常用热电偶分度号与特性对照表　　　　　　　　**表 3.1**

名　称	分度号	材　质　成　分		$T=100℃$，$T_0=0℃$ 时 热电动势（mV）	最高使用温度（℃）	
		正　极	负　极		长期	短期
铂铑$_{10}$-铂	S	Pt90% Rh10%	Pt100%	0.643	1300	1600
铂铑$_{30}$-铂铑$_6$	B	Pt70% Rh30%	Pt94% Rh6%	0.034	1600	1800
镍铬-镍硅	K	Ni90% Cr10%	Ni97% Si2.5% Mn0.5%	4.095	1000	1200
铜-康铜	T	Cu100%	Cu55% Ni45%	4.277	200	300

各种分度号热电偶的热电动势与温差之间的对照表称为分度表，具体内容可查阅有关资料。表中温度一般以10℃分档，其中间值可以用差值法计算，也可以将整个分度表用回归法拟合成公式进行计算。

在特殊情况下，热电偶可以串联或者并联，但只限于同一材质构成的多个热电偶，并且其参考端应在同一温度下。这样做的主要用途是：

（1）同极性串联，将多个热电偶放置在同一地点，目的是为了增强信号。用 n 个相同的热电偶串联，热端都为同一温度 T，参考端都为 T_0，则总热电动势为单个热电偶测温时的 n 倍。这种多个串联的热电偶也称为热电堆。

（2）同极性串联，将多个热电偶放置在不同地点，目的是为了测量温度平均值。多个热电偶串联后，总的信号增强了，但各个热电偶的信号并不相同。将总热电动势除以热电偶个数，就可得到温度平均值。

（3）反极性串联，目的是为了测量温差。当两支热电偶的参考端温度一致时，反极性串联后的热电动势就反映了两支热电偶热端温度的差值。

（4）同极性并联，目的也是测量温度平均值。但要求各热电偶的电阻（包括导线电阻）和时间常数都相等。因为这种方法并不能增强信号，但对热电偶的选择和连接要求都较高，所以不如同极性串联方法好。

当将热电偶串联或并联使用时，要注意的是不允许有短路或断路的热电偶。否则会引起严重的误差。在使用单支热电偶的时候，无论发生短路或断路都会使信号完全消失。但是在多支热电偶串、并联使用时，如果其中一支发生短路或者断路，信号不一定完全消失，也就不容易发现了。

2. 热电阻

绝大多数金属都具有正的电阻温度系数 α，即温度越高、电阻越大。利用这一规律可以制成温度传感器。与热电偶相对应，这种利用金属材料的电阻与温度的关系制成的温度传感器，被称为"热电阻"。应当指出的是，这里所说的热电阻是由金属材料制成的，它与由半导体材料制成的"热敏电阻"有着完全不同的特性。

金属材料的电阻与温度的关系一般可以表示为：

$$R_T = R_0[1 + \alpha(T - T_0)]$$

其中 α 为电阻温度系数。

一般选择具有以下特点的金属材料来制作热电阻：

（1）电阻温度系数 α 较大，且在工作温度范围为常数。

（2）电阻率 ρ 较大，这样就可以使得制成的热电阻体积较小，从而有比较小的热惯性，在其传递函数中表现为时间常数较小。

（3）在工作温度范围内能够保持物理、化学性质的稳定。

（4）便于加工，价格便宜。

应当指出，以上几点是相互制约的，因此也就很难确定究竟哪种金属最适合于制作热电阻，而是根据实际使用要求来进行权衡。目前，常用来制作热电阻的金属有铂、铜和镍等。

与热电偶相比较，热电阻有以下特点：

（1）在同样温度变化之下输出信号较大，易于测量。当温度从0℃变化到100℃时，K

分度号热电偶的输出电压变化为 4.095mV，S 分度号为 0.643mV。但如果使用铂热电阻，同样的温度变化引起的电阻变化为 38.5Ω，铜热电阻为 42.8Ω。显然，测量几十欧姆的电阻变化，要比测量零点几到几毫伏的电压变化容易。

（2）热电阻对温度变化的响应是阻值的增量，必须利用桥式电路和采取其他措施，减去起始阻值才能得到电阻的增量，而热电偶的输出直接对应于温度，只要进行了正确的参考端温度补偿，就可以直接从热电动势得到温度值。

（3）热电偶的输出信号是电动势，可以直接进行测量。但是热电阻的输出信号是电阻变化，而电阻不能直接测量，必须有电流通过才能反映出电阻的变化。这一测量时通过热电阻的电流反过来又会加热热电阻，从而造成测量误差。因此，应当注意控制在测量时通过热电阻的电流，不至于造成显著的误差。一般认为通过热电阻的电流不宜超过 6mA。

（4）热电阻的感温部分体积较大，因此热惯性也较大，而热电偶的热端是很小的焊点，当需要测量小范围内的温度或者被测温度变化剧烈时，采用热电偶比较准确。

（5）用同样金属材料制成的热电偶和热电阻，热电偶的测量上限较高，但在低温范围内，由于热电动势较小，因此采用热电阻较好。热电阻最低可以工作到 -250℃，热电偶一般只能用于 0℃以上。

与热电偶一样，热电阻也用分度号来表示材质、工作温度范围、0℃的电阻值 R_0、100℃时的电阻值 R_{100} 与 R_0 的比值 W_{100}（即 R_{100}/R_0）以及电阻与温度的关系。表 3.2 为常用热电阻的分度号与特性对照表

常用热电阻特性对照表　　　　　　　　　　　　　　　表 3.2

材　质	分度号	0℃时的电阻值 R_0（Ω）	电阻比 W_{100}	工作温度范围（℃）
铜	Cu50	50	1.428	-50~150
	Cu100	100		
铂	Pt10	10	1.385	-200~850
	Pt100	100		
镍	Ni100	100	1.617	-60~180
	Ni300	300		
	Ni500	500		

各种分度号的热电阻的电阻与温度之间的对照表同样称为分度表，但是由于纯镍提纯十分困难，至今还没有国际上公认的分度表。因此目前只有铂热电阻和铜热电阻的分度表。

常用热电阻的特性曲线见图 3.2。由图可见，铜热电阻的特性比较接近直线，而且铜属于廉价材质，但是抗氧化能力稍差。在合适的温度范围内及妥善的防腐蚀防氧化措施下，应优先选用铜热电阻。

热电阻在不同温度下的电阻值，除了可以从分度表中查得外，还可以用公式直接进行计算。铜热电阻的计算公式为：

$$R_T = R_0(1 + AT + BT^2 + CT^3)$$

式中　R_T 为被测温度为 T 时的电阻值，单位为 Ω；

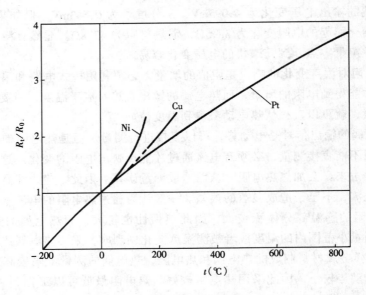

图 3.2　常用热电阻的特性

R_0 为0℃下的电阻值，单位为 Ω；

$A = 4.28899 \times 10^{-3}$℃；

$B = -2.133 \times 10^{-7}$℃²；

$C = 1.233 \times 10^{-9}$℃³。

由于 B 和 C 很小，在要求不高的场合可以近似表示为

$$R_T = R_0(1 + \alpha T)$$

式中 $\alpha = 4.29 \times 10^{-3}$℃。

铂热电阻的计算公式有两个，在 $-200℃ \sim 0℃$ 的范围内用

$$R_T = R_0[1 + AT + BT^2 + CT^3(T - 100)]$$

在 $0℃ \sim 850℃$ 的范围内用

$$R_T = R_0(1 + AT + BT^2)$$

式中　R_T 和 R_0 的含义与上式相同；

$A = 3.90802 \times 10^{-3}$℃；

$B = -5.802 \times 10^{-7}$℃²；

$C = -4.2735 \times 10^{-12}$℃³。

在楼宇自动控制系统中，热电阻一般安装在现场，而其指示、记录或控制仪表往往安装在控制室，其间的引线很长。如果仅仅用两根导线接在热电阻两端（即所谓的两线制接法），导线本身的电阻值势必和热电阻的电阻值串联在一起，造成测量误差。这一误差并不是因为导线具有电阻，而主要是因为这一电阻无法确定。这是由于连接导线也是金属材料，它的电阻也会随着环境温度的变化而变化，而在敷设导线的路径上，环境温度并非处处相同，变化规律也不一样，因此这种测量误差往往很难修正。所以，除了引线很短的场合，两线制接法不适合在楼宇自动控制系统中普遍应用。

为了避免或减少引线电阻所带来的测量误差，在实际使用中往往用三线制接法来连接

热电阻，即热电阻的一端与一根导线相连，另一端同时连接两根导线，当采用桥式测量电路时，具体线路如图 3.3 所示。

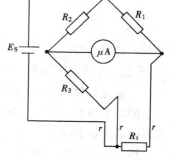

图中连接热电阻的三根导线，粗细相同，长度相等，电阻值都为 r。其中一根串联在电桥的电源上，对电桥的平衡毫无影响。另外两根分别串联在电桥的相邻两臂中，使它们的电阻都增加 r。

当电桥平衡时，有

$$(R_t + r)R_2 = (R_3 + r)R_1$$

即

$$R_t = \frac{(R_3 + r)R_1 - rR_2}{R_2} = \frac{R_1 R_3}{R_2} + \left(\frac{R_1}{R_2} - 1\right)r$$

图 3.3　热电阻的三线制接法

如果我们在设计电桥时，有意识地使 $R_1 = R_2$，就可以消去上式中含有 r 的项，这时，有

$$R_t = \frac{R_1 R_3}{R_2}$$

即与 $r = 0$ 时的电桥平衡公式完全一样。这样，就完全消除了引线电阻对测量的影响。

除了用平衡电桥测量热电阻的阻值以外，我们也经常用不平衡电桥，即通过电桥的不平衡程度来测量热电阻的阻值，从而测量温度值。在这种情况下，尽管三线制接法不能完全消除引线电阻的影响，但仍然可以在很大程度上减小它的影响。

多个同样分度号的热电阻可以串联起来测量多点的平均温度。这时只能采用两线制接法。串联的热电阻越多，总的 R_0 就越大，引线电阻的影响就越小。热电阻不会遇到并联的情况，因为这没有实用意义。

3. 半导体热敏电阻

与金属热电阻相比，半导体热敏电阻具有灵敏度高、体积小、反应快等优点，它作为温度传感器已得到实际应用。

图 3.4 为各种半导体热敏电阻的特性。从图中可以看出，半导体热敏电阻可以分为具有负温度系数的 NTC（Negative Temperature Coefficient）型、具有正温度系数的 PTC（Positive Temperature Coefficient）型以及临界型即 CTR（Critical Temperature Resistor）型三大类。其中 PTC 型和 CTR 型热敏电阻在临界温度附近电阻变化十分剧烈，因此只适用于作为位式作用的温度传感器，只有 NTC 型热敏电阻才适用于连续作用的温度传感器。以下我们只讨论 NTC 型热敏电阻。

大多数半导体热敏电阻都具有负温度系数，其阻值与温度 T 的关系可以用

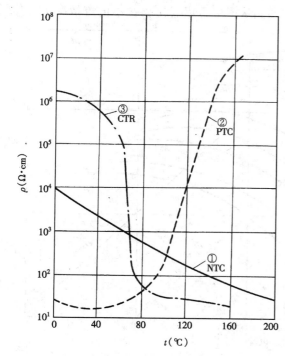

图 3.4　半导体热敏电阻特性

下式描述：

$$R_T = R_0 \exp\left[B\left(\frac{1}{T} - \frac{1}{T_0} \right) \right]$$

式中　T_0 为 273.15K；

　　　R_0 为热敏电阻在 0℃时的阻值；

　　　B 是与材料有关的常数，一般在 1500 ~ 6000K 之间。

NTC 型热敏电阻主要由 Mn、Co、Ni、Fe 等金属的氧化物烧结而成，根据需要可以制成不同的形状和大小。通过不同的材质组合，可以得到不同的 R_0 和不同的温度特性。

按照电阻温度系数的定义，不难写出 NTC 型热敏电阻的电阻温度系数为

$$\alpha_T = \frac{1}{R} \frac{\mathrm{d}R}{\mathrm{d}T} = -\frac{B}{T^2}$$

由此可知，半导体热敏电阻的电阻温度系数不是常数，它随着温度 T 的平方而减小。也就是说，在低温段，热敏电阻比在高温段更灵敏。如果 $B = 4000$K，则当 $T = 298.15$K（即 25℃时），电阻温度系数 $\alpha_T \approx -4.5\% \text{℃}^{-1}$，大约是铂热电阻的 12 倍。一般来说，NTC 型热敏电阻的电阻温度系数在 $-(3\% \sim 6\%)\text{℃}^{-1}$ 的范围之内，这是任何金属热电阻所无法达到的。

半导体热敏电阻的另外一个突出优点是连接导线的电阻值几乎对测温没有影响。因为热敏电阻在常温下的阻值很大，通常都在几千欧姆以上，而连接导线的阻值最多不过十几欧姆，所以热敏电阻的阻值变化在整个电路中占有绝对主导地位，根本不必考虑连接导线的电阻随温度变化的影响，当然也不需要采用三线制接法，这就给使用带来了方便。

在稳态情况下，热敏电阻两端的电压与通过热敏电阻的电流之间的关系，称为伏安特性。NTC 型热敏电阻的典型伏安特性见图 3.5。从图中可以看出，在小电流情况下，热敏

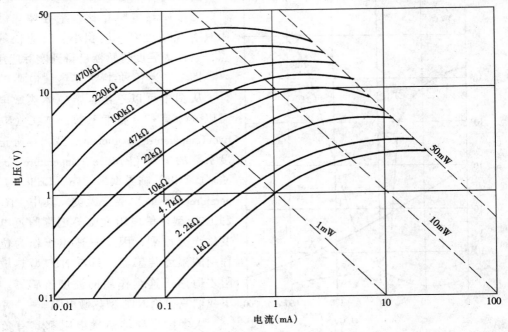

图 3.5　半导体热敏电阻的伏安特性

电阻表现出正常的欧姆特性，电压随着电流的增长而上升。当电流超过一定值以后，曲线向下弯曲，呈现出负阻特性。这是因为电流引起热敏电阻自身发热，阻值减小，所以电压反而下降了。在应用时应特别注意那些在常温下阻值较大的热敏电阻，不要使其工作电流过大，以免带来测量误差，甚至损坏器件。

尽管已经有了明显的改善，但是目前半导体热敏电阻仍然存在一些不足之处，主要是电阻温度系数的非线性严重、时间稳定性较差、产品性能的离散性较大、互换性不够理想、而且不能在高温下使用（一般只能在 $-100 \sim 300℃$ 的范围内使用），这些都限制了它的应用范围。

4. 双金属片

双金属片是典型的固体膨胀式温度传感器，它利用线膨胀系数差别较大的两种金属材料制成双层片状元件，在温度变化时将因弯曲变形而使其一端有明显的位移。

双金属片通常由高锰合金（含 Mn72%，Ni10%，Cu18%）和锢钢（含 Fe64%，Ni36%）构成。其中高锰合金的线膨胀系数在 $25 \sim 150℃$ 间约为 $2.75 \times 10^{-5}/℃$，锢钢的线膨胀系数在 $0 \sim 100℃$ 间约为 $(1 \sim 3) \times 10^{-6}/℃$，两者相差 20 倍左右。

将这两种材料轧制成叠合在一起的薄片，使其一端固定，另一端可以自由活动。这时线膨胀系数大的材料为主动层，小的为被动层，受热后将向被动层一侧弯曲，受冷则向主动层一侧弯曲。

最简单的双金属片温度传感器是由一端固定的双金属片带动电接点构成的，如图 3.6 所示。它属于位式作用的温度传感器。

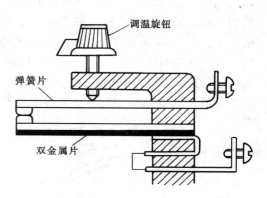

图 3.6　缓动式双金属片电接点

在温度低时电接点接触，当温度升高后双金属片向下弯曲，电接点断开。为了调整温度设定值，采用螺钉调整弹簧片的高度，借此改变电接点间的起始压力。当接点间的压力变大时，必须在更高的温度下电接点才能分开，从而改变了设置温度。

上述电接点的原理虽然简单，然而其动作速度缓慢，往往容易在接点间形成电弧，使电接点的寿命缩短。所以这种缓动式双金属片电接点只能用在低电压小电流电路里，或者是连接电阻性负载以及不常使用的设备上。

为了加速双金属片电接点的通断，出现了各种各样的速动式电接点，常见的碟形双金属片见图 3.7。

把双金属片制成中央凸起的圆盘形，并将圆心处固定。边缘处有两组电接点，串联在电路里。当温度升高时，起初双金属片并没有明显变化，只是材料内部的热应力增加。热应力增加到一定程度后，双金属片突然由中央凸起状态变为中央凹陷状态，其边缘上的电接点在瞬间断开，能有效地避免电弧的产

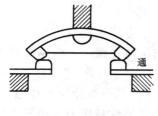

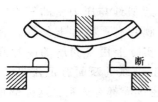

图 3.7　碟形速动
式双金属片电接点

生。

速动式双金属片电接点在防止电弧方面，与缓动式相比有明显优点。但是，速动式在切换动作之前要储备能量，积蓄热应力，因此其回差也要增大许多，使得控制精度降低。

第四节 压 力 传 感 器

在楼宇自动控制系统中使用的压力传感器，其敏感元件一般由两部分组成。首先，通过一个弹性元件将压力变化转换成位移变化，然后，再通过一个位移检测元件，将位移变化转换为电信号，最后转换成标准信号输出。

一、弹性测压元件

1.弹簧管

弹簧管是一种简单耐用的测压敏感元件，它是法国工程师波登发明的，因此也称为"波登管"。其工作原理可参见图 3.8。弹簧管是用弹性金属制成的薄壁管，管的横截面接近椭圆形，如图 3.8 中右侧所示（严格地说，截面不一定是椭圆，而是由两个半圆弧和两段直线构成。总之，它的长轴明显地大于它的短轴）。将这根扁管弯曲成钩形，即图中 AB 间的圆弧，圆弧的中心角一般在 270° 左右。有时为了提高灵敏度，也有弯成多圈螺旋形的。工作时将 B 端固定在基座上并接入待测压力，A 端则封闭起来。当被测压力升高以后，管内压力高于环境压力，管内外的压力差使弹簧管的截面形状发生微小的变化，使之趋向于圆形。截面形状的这一变化将导致圆弧 AB 产生相应的变化，圆弧有伸直的趋势。也就是说，当 B 端固定时，A 端将向上伸展，产生一位移 d。

计算表明，在被测压力 p 不超过一定范围的时候，位移 d 与 p 基本上是线性关系。只要测出位移，就可以得到压力 p。

弹簧管常用黄铜、磷青铜、不锈钢制成。通过改变弹簧管的长、短轴比例、改变管壁厚度、改变圆弧 AB 的曲率半径等都可以改变弹簧管的量程。

2.膜片与膜盒

膜片与膜盒也广泛应用于测压。这类弹性敏感元件也常用黄铜、磷青铜、不锈钢等材料制成。

边缘固定的平膜片，其一面受压力作用时，膜片圆心处的位移 d 近似地与压力 p 的三次方根呈正比。这说明平膜片有严重的非线性，将妨碍它的应用。所以实际上用于测压的膜片几乎都带有同心圆波纹，波纹的断面有正弦曲线、

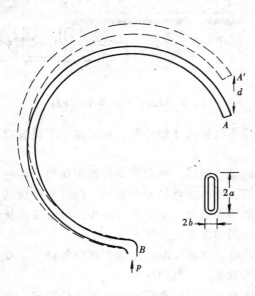

图 3.8 弹簧管

三角形、梯形等。其特性与波纹的形状、波纹的高度和波纹的密度等都有关系。这种带有波纹的膜片，在尺寸、材料和厚度确定以后，膜片圆心处的位移 d 与压力 p 之间的关系为：

$$p = a\left(\frac{d}{\delta}\right) + b\left(\frac{d}{\delta}\right)^2 + c\left(\frac{d}{\delta}\right)^3$$

式中 δ 为膜片厚度，a、b、c 取决于波纹的形状、波纹的高度和波纹的密度，一般来说，a、b、c 都不等于零。因此波纹膜片的特性仍然是非线性的，只不过非线性程度要比平膜片好得多。

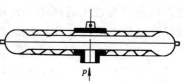

图 3.9　波纹膜盒的断面

为了加大膜片中心的位移，使测压灵敏度提高，常将两个膜片对焊起来，成为膜盒，见图 3.9。这样做也便于和待测压力连接。只要将待测压力引入膜盒，盒外是环境大气压力，膜盒中心的位移便能反映出被测压力的大小，即表压。如果将膜盒内部抽成真空，并且密封起来，当外界压力变化时，膜盒中心的位移就反映了压力绝对值的变化。

除了作为压力传感器之外，在楼宇自动控制系统中也常用膜片和膜盒作为流量和液位测量的敏感元件。

作为测压敏感元件，膜片和膜盒比弹簧管灵敏度高，适合于作为小量程的压力传感器，其主要缺点是非线性比较严重。

3. 波纹管

波纹管也是用弹性金属制成的，材料和膜片、膜盒一样，其特点是线性好而且弹性位移大。波纹管的纵截面如图 3.10 所示，其结构很像手风琴的风箱。

当管内接入待测压力 p 时，随着 p 的增大，引起管壁波纹发生变形，波纹管将在轴线方向上伸长。如果图中下端固定在基座上，其上端就会升高。根据计算，波纹管上端的位移与被测压力的大小成正比。也就是说，在这里波纹管等效于一个螺旋弹簧，在弹性范围内其变形量与外力成正比。

波纹管经常在压力传感器中得到使用，其局限性是不适合用于测量高压。与膜盒一样，当将被测压力引入管内时，波纹管上端的位移反映的是表压，而如果将波纹管抽真空并密封起来，其位移就反映了绝对压力的变化。

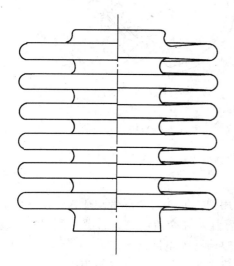

图 3.10　波纹管的纵截面

二、位移检测元件

1. 电位器

将小型滑线电位器的滑动触点与弹性元件的自由端连接，就可以构成压力传感器，如图 3.11（a）所示。如果只利用滑动电阻器的滑动触点与电位器的任意一侧，与任何一种测量电阻的仪表相连就可以测量压力。如果将电位器的两端和滑动触点同时引出，并在电位器两端接上稳定的直流电压，则滑动触点和电位器任意一端之间的电压将取决于滑动触点的位置，也就是取决于被测压力。这样可以采用测量直流电压的方法来测量压力。

这种检测位移的方法比较简单，而且具有良好的线性。如果采用特殊设计的非线性电位器，还能够补偿弹性元件的非线性，使得整个传感器具有线性特性。

采用电位器检测位移的最大缺点是电位器具有滑动触点。为了减少弹性元件的变形阻力，以免引起过大的回差，就希望滑动触点处的接触压力尽量小。但是，接触压力小就难以保证良好的导电性能。特别是在接触点表面氧化或遭到污染时，更难保证可靠接触。

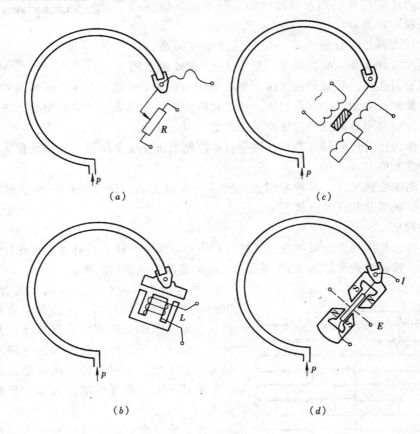

图 3.11　压力传感器中的位移检测元件

2. 电感器

采用电感器检测位移可以避免滑动触点。它利用弹性元件的变形带动衔铁，改变铁心线圈的气隙（见图 3.11（b）），从而改变线圈的电感量。在交流电路里，感抗可以很容易地变换成电压。如果需要输出直流电压，可以增加整流滤波电路。

测量电感器的电感量必须使用交流电源。为了避免工频干扰，最好采用中频电源（如400Hz）供电。但是这样将增加成本和电路的复杂程度。

电感器必须有良好的磁屏蔽。这样做既是为了防止受到外部干扰，也是为了防止对外的干扰作用。

必须注意的是铁心线圈的电感量与气隙之间有非线性关系。另外，当铁心线圈中通过电流时产生的铁磁效应会对衔铁有吸引力，这就形成了作用于弹性元件的外力。如果不在传感器标定时消除它的影响，将会带来很大的误差。

3. 差动变压器

差动变压器是专门用于位移测量的传感器，在可移动的铁心周围有三组线圈。其中一组是变压器的初级，接交流电源。另外两个匝数相等的线圈，按同名端极性反向串联而成为次级。当铁心处于中央位置时，两组次级线圈上的感应电动势大小相等，方向相反，总的输出电压为零。当铁心偏离中央位置以后，两组次级线圈的感应电动势不再相等，次级将出现输出电压。铁心偏离中央位置越远，输出电压越高，而输出电压的相位则反映了铁心偏离的方向。其工作原理图见图 3.11 （c）。

差动变压器在规定的铁心位移范围内有较好的线性，而且工作电源的频率变化对它的特性的影响不像对电感线圈那样明显。它比电感线圈优越之处在于线性好、附加力小、位移范围大。

4. 霍尔元件

半导体霍尔元件已经在小位移测量中得到实际的应用。图 3.11 （d）即为在压力传感器中利用霍尔元件作为位移测量元件的方法。

在弹性元件的自由端安装半导体霍尔元件，并使霍尔元件的两端处于永久磁铁的磁极间隙中，而且两端的磁场方向相反。倘若压力为零时处于方向相反的两对磁极间隙中的面积相等，即使在霍尔元件上通以电流，也不会产生霍尔效应。当压力上升后，霍尔元件处于两对磁极中的面积不等，在与电流方向和磁场方向都垂直的方向上就会有电动势（霍尔电动势）出现。当电流和永久磁铁的磁感应强度都等于常数时，弹性元件自由端的位移越大，霍尔元件处于两对磁极中的面积差也越大，输出电压就越高，这样就将位移变化转换成了电压变化。

在系统中安装压力传感器时，应当注意测压点位置的选择。一般来说，测压点要选在被测介质作直线流动的直管段上，而不要选择管路拐弯、分支/合流、变径以及管路附件前后等可能产生涡流的地方。如果被测介质是液体，测压点应选在管路的下部；被测介质是气体时，测压点应选在管路的上部。无论测量液体还是气体的压力，压力传感器的导压管都应与被测介质的流动方向垂直。

第五节 流 量 传 感 器

尽管目前有多种流量传感器，如容积式、速度式、转子式等，但是在实际生产过程中为了测量和控制的目的而使用的流量传感器，大多数为差压式，因为它特别简单，相当可靠，而且适用于多种流体。

一、差压式流量传感器

差压式流量传感器通常称为节流装置，将管道中流体的瞬时流速转换为压力差，用差压传感器测出这一差压就可以求得流速，再结合安装传感器管段的截面积，就可以得到流量。因此，流量传感器也是由两部分组成，一部分为节流装置，另一部分为差压传感器。

节流装置中最为典型而又最简单实用的是孔板。孔板是装在管道里的阻力件，为中央有孔的板状物，因此得名。其工作原理图见图 3.12。

图中 （a）为流体经过孔板时的流线分布，（b）为沿管长方向的流速分布，（c）为沿管长方向的压力分布。从图 （a）中可以看到，在截面 Ⅰ-Ⅰ 和 Ⅲ-Ⅲ 范围以外流线均匀，在截面 Ⅱ-Ⅱ 处流束收缩到最小，相应的流速达到最大，即图 （b）中的 v_2。如果在管壁

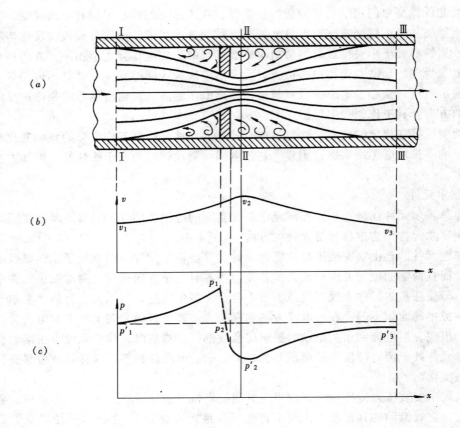

图 3.12　孔板工作原理

处测量压力，孔板前缘压力 p_1 最高，比Ⅰ-Ⅰ截面处的压力 p'_1 还要高，这是因为流动中的流体突然遇到阻碍而拥塞所造成的。在截面Ⅱ-Ⅱ处的压力最低，即图（c）中的 p'_2，它比孔板后缘的 p_2 还略低一些。这是由于惯性作用，流束离开孔板还继续收缩形成高速低静压现象。到截面Ⅲ-Ⅲ处，压力恢复到 p'_3，但还是比Ⅰ-Ⅰ截面处的压力 p'_1 要低，这就是节流装置引起的压力损失。

对于水平管段，流体的位能不变，等温不可压缩流体的密度 ρ 不变，根据伯努利方程有

$$p'_1 + \frac{\rho v_1^2}{2} = p'_2 + \frac{\rho v_2^2}{2}$$

式中　p'_1、v_1——截面Ⅰ-Ⅰ处的压力和速度；

　　　p'_2、v_2——截面Ⅱ-Ⅱ处的压力和速度。

设流体充满管道，管道截面积为 A，流束最小处截面积为 A'，则可知

$$Av_1 = A'v_2$$

即

$$v_1 = \frac{A'}{A}v_2$$

代入上式，得

$$v_2^2 = \frac{2(p'_1 - p'_2)}{\rho\left[1 - \left(\frac{A'}{A}\right)^2\right]}$$

质量流量 q_m 为

$$q_m = \rho A' v_2 = A'\sqrt{\frac{2\rho(p'_1 - p'_2)}{1 - \left(\frac{A'}{A}\right)^2}}$$

由上式可知，在流体密度不变及流体满管流的情况下，质量流量与差压的平方根成线性关系。因此，必须将测得的差压信号进行开方运算再乘以适当的系数才能反映流量的数值。

孔板的断面见图 3.13。如图中所示，孔板中央的孔常常带有锥状扩张段。在安装时应注意其扩张段是在孔板的流出侧，而不是在流入侧，这是常容易引起误解的。

孔板只是节流装置的一种，另外还有喷嘴和文丘里喷管等。它们的工作原理与孔板相同，但是压力损失比较小，缺点是比较复杂，不易加工。

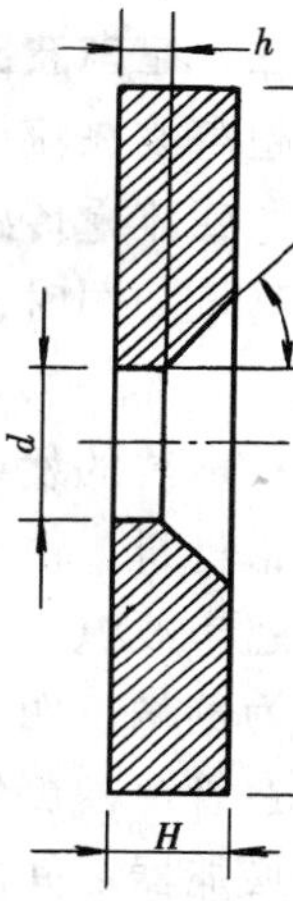

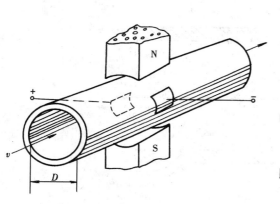

图 3.13 孔板断面示意图

二、电磁式流量传感器

导体在磁场中运动切割磁力线，就会产生感应电动势，其方向由右手定则确定，大小由磁感应强度 Q、在磁场内的导体长度 L 和导体切割磁力线的运动速度 v 三者的乘积决定。即

$$E = kBLv$$

其中 k 为常数。

根据此原理可以制成测量导电流体流量的电磁式流量传感器，其工作原理如图 3.14 所示。在一段绝缘材料制成的管段上，沿直径方向安装一对电极，在与两电极连线垂直的方向上有磁极 N 和 S。当导电流体以平均速度 $\bar{v}$ 流过电极时，电极上就会出现感应电动势。

设管道内径为 D，截面积为 $(\pi D^2)/4$，所以其体积流量为

即

$$q_v = \frac{\pi D^2}{4}\bar{v}$$

$$\bar{v} = \frac{4}{\pi D^2}q_v$$

由于电极沿管道直径方向安装，所以电极间距离就是管道内径 D，因此有

$$E = kB\frac{4}{\pi D}q_v$$

即

$$q_v = \frac{\pi D}{4kB}E$$

图 3.14 电磁式流量传感器

由上式可见，当磁感应强度 B 确定以后，被测流量与感应电动势 E 成线性关系。

由工作原理决定，电磁式流量传感器只能用于测量导电流体的流量，被测流体的电导率必须大于 10^{-3}S/m，在测量蒸馏水、各种油类和气体的流量时都不能使用。电磁式流量传感器的主要优点是流量与输出信号成线性关系，而且因为管道内没有阻力器件，电极表面与管壁齐平，所以对流体没有附加阻力。

为了防止被测流体电解和测量电极被极化腐蚀，一般不采用直流磁场而采用交流磁场。另外由于感应电动势一般在毫伏数量级，因此对抗干扰的要求较高，必须妥善加以屏蔽。

三、超声波流量传感器

超声波在流体中的传播速度与流体的流动速度有关，据此可以实现流量测量。这种方法与电磁流量传感器一样，也不会造成压力损失，而且还可以在不断开现有管道的情况下进行测量。同时，超声波流量传感器还可用于大管径、非导电性和腐蚀性流体的流量测量。

超声波的发射和接收都要用到换能器，换能器多半由压电陶瓷元件制成，常用的为锆钛酸铅材料，由于其中含有 Pb、Zr 和 Ti 三种元素，因此常称为 PZT 材料。

超声波流量传感器可以用时差法、速差法、频差法和多普勒法等方案实现。以下以速差法为例来说明它的工作原理。

在管道两侧斜向安装两个换能器，使其轴线重合在一条直线上，如图 3.15 所示。设两个换能器之间的距离为 L，换能器轴线与管道轴线的夹角为 β，超声波在静止流体中的传播速度为 c，被测流体的平均速度为 v，则当换能器 A 发射，B 接收时，超声波顺流的传播时间为

$$t_1 = \frac{L}{c\cos\beta + v}$$

即

$$c\cos\beta + v = \frac{L}{t_1}$$

同理，当换能器 B 发射，A 接收时，超声波逆流的传播时间为

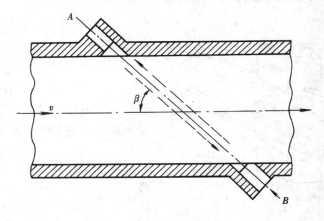

图 3.15 超声波流量传感器工作示意图

$$t_2 = \frac{L}{c\cos\beta - v}$$

即

$$c\cos\beta - v = \frac{L}{t_2}$$

将两式相减，得

$$2v = \frac{L}{t_1} - \frac{L}{t_2} = \frac{L(t_2 - t_1)}{t_1 t_2}$$

令 $\Delta t = t_2 - t_1$，则 $t_2 = t_1 + \Delta t$，代入上式得

$$v = \frac{L\Delta t}{2t_1(t_1 + \Delta t)}$$

上式中 $L/2$ 为常数，因此只要测出顺流传播时间 t_1 和时间差 Δt，就能求出 v，进而求出流量。我们知道，超声波在流体中的传播速度 c 是流体温度的函数，而速差法避免了准确求取声速 c 的困难，因此不受被测流体温度的影响，容易取得可靠的数据。但是，当管道直径较小时，时间差 Δt 在微秒数量级，要求测量仪器有足够的精度和分辨率，否则不能测量。一般而言，超声波流量传感器适用于管道直径大于 50mm 的场合。

我们知道，超声波的传播时间和它的频率互为倒数。因此，如果分别测出超声波顺流传播的频率 f_1 与逆流传播的频率 f_2，进而求出频率差 Δf，再用与以上步骤相类似的方法求出流速，这就是频差法的原理。频差法同样可以避免准确求取声速 c 的困难。

第六节 湿 度 传 感 器

在楼宇自动控制系统中，经常需要测量空气的相对湿度，作为空调系统中加湿、去湿操作的控制依据。测量空气相对湿度的方法很多，常用的有干湿球温度计以及各种湿敏传感元件。

一、干湿球温度计

干湿球温度计是最常见的湿度传感器。在控制系统中采用干湿球温度计时，用热电阻或热电偶代替平常使用的玻璃温度计，同样将其中的一支保持湿润（湿球），分别测出干球温度 T_d 和湿球温度 T_w，再根据干球温度和干、湿球温度差，计算求得相对湿度 φ。

无论是在高湿度条件还是在低湿度条件下，干湿球温度计都有很好的测量精度。为了正确地得到湿球温度，应保持湿球附近有足够的风速。因此，往往需要在干湿球温度计上附加小功率的通风装置。如果要将干湿球温度计在楼宇自动控制系统中作为湿度传感器使用，它的最大困难在于如何在无人值守的情况下保证湿球湿润。

二、湿敏传感元件

1. 氯化锂湿敏元件

氯化锂（LiCl）是易吸湿的物质，吸湿后电阻变小，在干燥环境中脱湿后电阻又会增大。利用这一特性，用两根钯丝作为电极，以相等的间距平行绕在聚苯乙烯圆筒上，再以氯化锂水溶液与皂化聚乙烯醋酸酯涂敷后制成湿敏元件。这种传感器的误差可以在 ±5% 以下。不同浓度的氯化锂溶液适用于不同的测量范围，如图 3.16 所示。如果待测湿度的范围大于单个元件的测量范围，可以用多个湿敏元件依次切换，扩大测量范围。

氯化锂湿敏元件是离子导电器件，它的工作电源必须使用交流电源，以防止出现极化现象。另外，在使用氯化锂湿敏元件时要防止出现结露现象，否则氯化锂会溶化流失。不能用一个元件涵盖整个测量范围也是氯化锂湿敏元件一个明显的缺点。

2. 碳粒树脂湿敏元件

碳粒树脂湿敏元件是将导电碳粒与绝缘树脂均匀混合后固化，制成电阻元件。当湿度增大时，绝缘树脂吸湿后膨胀，使分布其间的碳粒间距增大，电阻增加。其特性与氯化锂湿敏元件恰好相反，相对湿度越高电阻越大，其特性见图3.17。

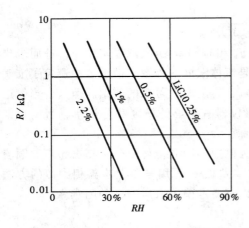

图 3.16 氯化锂湿敏元件的特性   图 3.17 碳粒树脂湿敏元件的特性

由于碳粒树脂湿敏元件是电子导电器件，不会出现极化现象，所以对工作电源没有限制。交直流电源均可使用。

3. 氧化铁湿敏元件

氧化铁（Fe_3O_4）湿敏元件是在氧化铝基片上先制备金电极，再涂以 $30\mu m$ 厚的 Fe_3O_4 膜，经过热处理以后可以得到如图3.18所示的特性。

氧化铁湿敏元件在吸湿后电阻变小，这和氯化锂元件的特性相同。但是，氧化铁湿敏元件在低湿度下的灵敏度太小，而且电阻太大，难以使用。

氧化铁湿敏元件的优点是环境稳定性较好，因为氧化物的特性不易改变，比氯化锂元件耐用。

4. 多孔陶瓷湿敏元件

陶瓷的化学稳定性最好，且耐高温，便于采用加热法清除油污。多孔陶瓷的表面积大，易于吸湿和脱湿，响应时间可以缩短。

常用的多孔陶瓷材料是 $MgCr_2O_4 \cdot TiO_2$，气孔率为 $25\% \sim 30\%$，孔径小于 $1\mu m$。将这种陶瓷片的两面镀以热膨胀系数与之相近的多孔 RuO_2 层，并用 Pt-Ir 电极引出，周围罩以电加热丝就构成了湿敏元件。其特性见图3.19，结构见图3.20。

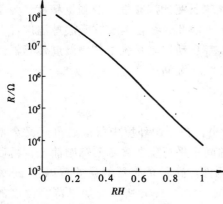

图 3.18 氧化铁湿敏元件的特性

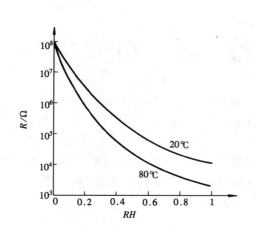

图 3.19 多孔陶瓷湿敏元件的特性

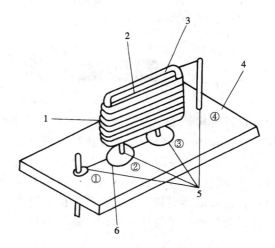

图 3.20 多孔陶瓷湿敏元件的结构
1—镍铬丝加热清洗线圈；2—金电极；
3—$MgCr_2O_4 \cdot TiO_2$ 感湿陶瓷；
4—陶瓷基片；5—杜美丝引出线；
6—金短路环

这种湿敏元件也是在吸湿后电阻减小，但测量范围宽，可以从 1% RH 到 100% RH，响应时间可以短至几秒。

如果在使用中受到灰尘或油类污染，可将电热丝通电加热到 450℃ 左右，保持一分钟就能恢复特性。

以上几种湿敏元件都有一个共同的特点，那就是吸湿快而脱湿慢。这是由于这些湿敏元件的工作物质都是多孔性材料所决定的。为了克服这一缺点，首先应当尽量将湿度传感器安装在气流速度较大的地方，如测量室内相对湿度时，往往不是将湿度传感器直接安装在室内，而是安装在回风风道内；而在测量室外空气的相对湿度时，则将湿度传感器安装在新风风道内。在无法将湿度传感器安装在气流速度较大的地方时，则需要在湿度传感器上附加小型机械通风设备，增加空气流动，使得脱湿过程尽量加快，从而改善动态特性。

第四章 执 行 机 构

执行机构是楼宇控制系统中一个十分重要的组成部分。它处在控制器与被控对象之间，承担着将控制器的输出变化转换成操作量的变化，进而改变被调量的任务。和传感器一样，执行机构一般也由两部分组成，分别为执行器和调节器。执行器的功能是将控制器输出的控制信号（一般为电信号）转换为机械动作（一般是角位移或直线位移），驱动调节器；调节器则直接改变操作量的值，进而达到控制被调量的目的。在楼宇自动控制系统中，最常见和应用最广泛的调节器是各种调节阀（包括控制风阀）。

第一节 执 行 器

一、电磁执行器

电磁执行器利用电磁铁在接通、断开电源时衔铁的动作驱动调节器。电磁执行器一般为直行程，作直线运动，如果加上简单的曲柄连杆机构后，也可以构成角行程电磁执行器，作小于180°的旋转运动。

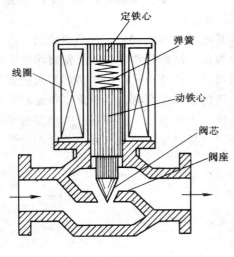

图 4.1 电磁阀

在楼宇自动化系统中，电磁执行器一般用于驱动截止阀。另外，在电气控制系统中广泛应用的继电器及接触器也是由电磁执行器驱动的。电磁执行器的特点是结构简单、可靠，易于控制，操作电源可以是交流电源，也可以是直流电源。但是由于动作机理上的原因，它只能作为双位控制即开/关控制的执行器，而不能进行连续的调节。图4.1中所示的电磁阀就采用了电磁执行器，它只能作为截止阀，而不能作为调节阀使用。

二、电动执行器

电动执行器的种类很多，一般可分为直行程、角行程和多转式三种，它们的基本结构如图4.2所示。这三种电动执行器都是由电动机带动减速装置，在控制信号的作用下产生直线运动或旋转运动。

电动执行器是楼宇自动控制系统中应用最多的一种执行器，一般用于驱动调节阀。它与电磁执行器之间的最大差别在于电动执行器可以进行连续调节，而且通过调整伺服系统的性能，能够使得执行器的位移与输入信号成线性关系，这也是它的主要优点。但是，为了使电动执行器的运动能够准确地跟踪控制器的输出变化，在执行器内部需要有一个伺服系统，它的工作原理见图4.3。由图中可见，伺服系统实际上也是一个反馈控制系统，

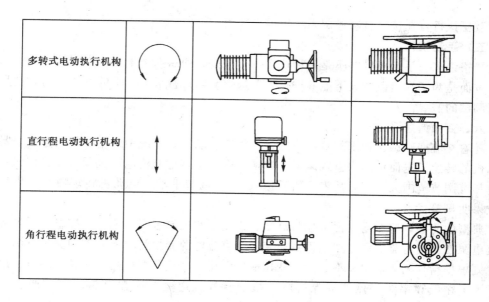

多转式电动执行机构			
直行程电动执行机构			
角行程电动执行机构			

图 4.2　典型的电动执行器

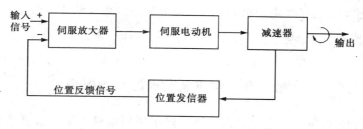

图 4.3　比例式执行器工作原理图

它将位置反馈信号与输入信号相比较，控制电动机的正、反转，直到偏差为零为止，这时调节器就处于我们所需要的位置。

电动执行器的主要缺点是结构复杂，而且由于伺服系统的存在，使得在整个控制系统中增加了一个二阶振荡环节，将对系统的稳定性带来不良影响，并且对系统的整定带来困难。

三、气动执行器

气动执行器也是常用的执行器之一。它通过压缩空气推动波纹薄膜及推杆，带动调节器运动。气动执行器可以作双位调节，也可以作简单、不精确的连续调节。在加上阀门定位器以后，可以作精确的连续调节。但是，气动执行器需要有配套的压缩空气制备、过滤、贮存及输送设备，这在工业企业中不是一个大问题，但是在智能化大楼中，却很少有这样的压缩空气设备。因此，除了自动喷淋系统以外，气动执行机构在楼宇自动控制系统中应用不多。

四、液压执行器

液压执行器在调节阀中的应用不如电动、气动执行器广泛。从原理上说，只要将气动执行器的动力源改为液压动力，就可以成为液压执行器。

同样是由于动力源的关系，加上液压系统的泄漏问题难以克服，除了在制冷机中以外，液压执行器在楼宇自动控制系统中很少采用。

五、手动机构

严格说来，手动机构并不是一种执行器，但是，每一种执行器都应当具备手动机构。这一方面是为了在紧急情况下能够进行人工操作，以维持最低水平的运行，同时也是为了系统调试的需要。

六、变频调速器

随着交流变频调速技术的日益成熟，在楼宇自动控制系统中采用变频调速器控制交流电动机的转速、进而控制水量或风量也越来越多。与其他交流电动机调速方法相比，变频调速具有调节范围大（可以从零开始调速）、速度调节平滑、电动机转矩特性变化小、节能效果明显等优点。

典型的变频调速器通常由可控整流器、逆变器和控制装置组成。可控整流器先将工频交流电源变换为直流电源，然后再由逆变器把直流电源变换为频率可调的交流电源。控制装置则根据指令调节输出频率，同时变化输出电压，并使负载转矩不超过电动机的最大转矩。为了在低频率时仍然能够保持电动机的特性，逆变器通常以脉冲宽度调制（Pulse Width Modulation，PWM）方式工作。

在变频调速时，为了使电动机的最大转矩和磁路饱和情况基本不变，在变频的同时应当进行调压，并使 $\frac{U}{f} \approx$ 常数。

第二节　常见调节阀的结构类型

凡是涉及到流体的连续自动控制系统，除了采用电机变频调速直接控制水泵或风机的转速以外，一般都采用调节阀调节流体的流量。这种方法投资最省，简单实用。如果能够正确选择阀门的结构形式和流量特性，同样能够取得良好的控制效果。

一、直通单座阀

直通单座阀的结构见图 4.4。这种阀门的阀体内只有一个阀芯和阀座，特点是泄漏量小，易于保证关闭，因此在结构上有调节型和截止型两种，它们的区别在于阀芯的形状不同。直通单座阀的另一个特点是不平衡力大，特别在高压差、大流量的情况下更为严重。所以直通单座阀仅适用于低压差的场合。

二、直通双座阀

直通双座阀的结构见图 4.5。阀体内有两个阀芯，流体从左侧进入，通过阀座和阀芯后，由右侧流出。在口径相同时，它比单座阀能流过更多的介质，流通能力大约可提高 20% ~ 25%。流体作用在上、下阀芯上的力可以相互抵消，因此不平衡力小，允许压差大。但是，由于结构上不容易保证上、下阀芯同时关闭，所以泄漏量较大。

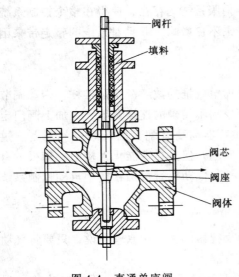

图 4.4　直通单座阀

阀杆

填料

阀芯

阀座

阀体

三、角形阀

角形阀的阀体为直角形结构，它流路简单，阻力小，适用于高压差、高粘度、含有悬浮颗粒物的流体的调节，可以避免堵塞，也便于自净和清洗。图4.6为角形阀的结构图。

四、套筒阀

套筒阀是一种结构特殊的调节阀，它的结构见图4.7。它的阀体与直通单座阀相似，但阀内有一个圆柱形的套筒。利用套筒导向，阀芯可以在套筒中上下移动，移动时改变了套筒上节流孔的面积，从而实现了流量的调节。

由于套筒阀是采用平衡型的阀芯结构，因此不平衡力小，稳定性好，不易振荡，允许压差大，如果改变套筒上节流孔的形状，就能够得到不同的流量特性。

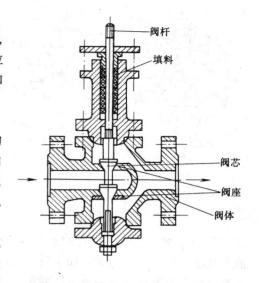

图4.5 直通双座阀

五、三通阀

三通阀的阀体上有三个通道与管道相连，按其作用方式，三通阀可以分为分流型（把一路介质分为两路）和合流型（把两路介质合成一路）两种。三通阀的结构见图4.8。一般说来，三通分流阀不得用作三通混合阀，三通混合阀不宜用作三通分流阀。

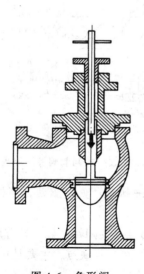

图4.6 角形阀

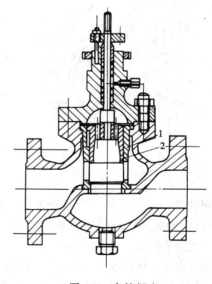

图4.7 套筒阀
1—套筒；2—阀芯

六、蝶阀

蝶阀的结构比较简单，由阀体、阀板和阀板轴等组成，见图4.9。蝶阀阻力损失小，结构紧凑，寿命长，特别适用于低压差、大口径、大流量气体和带有悬浮物流体的场合。蝶阀的缺点是泄漏量较大。

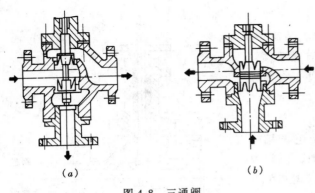

七、数字式调节阀

数字式调节阀是一种位式的数字执行机构。它由一系列并联安装而且按二进制排列的阀门所组成。图4.10表示一个8位数字阀的控制原理。

从图中可以看出，数字式调节阀的阀体内有一系列开闭式的流孔（实际上就是一系列大小不同的电磁截止阀的并联），这些流孔的大小按照2的幂顺序排列。对于8位的数字式调节阀，每个流孔的流量是按照2^0、2^1、

图4.8 三通阀
(a) 分流；(b) 合流

2^2、2^3、2^4、2^5、2^6、2^7，即按1、2、4、8、16、32、64、128的比例来设计的。如果所有的流孔都关闭，流量为零；如果所有的流孔都开启，则流量为255流量单位，分辨率为1流量单位。只要保证每一个流孔的精度，就可以保证总的流量误差。所以，数字式调节阀能够在很大的范围内（对于8位数字阀，为255到1；对于10位数字阀，为1023到1）精确调节流量。

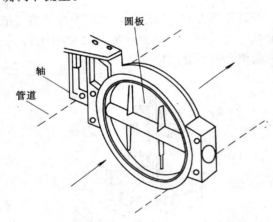

图4.9 蝶阀

数字式调节阀的开度为步进变化，每步的大小随位数的增加而减少。从理论上说，位数可以无限增加，但是在实际应用中，只需要10位就完全可以满足精度的要求。数字

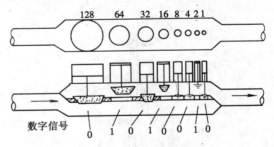

图4.10 8位数字式调节阀控制原理图

式调节阀的操作可以直接由数字控制器或控制计算机的二进制信号直接驱动，当控制器输出为模拟信号时，需要通过模/数（A/D）转换器来进行。

数字式调节阀的主要优点是高分辨率、高精度、反应速度快、关闭特性好、具有良好的重复性和跟踪特性，并且能够直接与计算机连接。但是，它也存在一些缺点，主要是结构复杂，部件多，位数越多则相应的控制元件也越多，价格昂贵。另外，部分流孔（特别是小流量流孔）阻塞后不易及时发现，以及不能用于高温蒸汽等，也限制了它的应用范围。

第三节　调节阀的流量系数

调节阀流量系数 C 用来表示调节阀在某种特定条件下，在单位时间内通过的流体的

体积或重量。为了使各种调节阀有一个进行比较的基础，我国规定的流量系数 C 的定义为，在给定行程下，阀门两端压差为 0.1MPa，水的密度为 $1g/cm^3$ 时，流经调节阀的水的流量，以 m^3/h 表示。阀门全开时的流量系数称为额定流量系数，以 C_{100} 表示。C_{100} 是表示阀门流通能力的参数。

阀门的流通能力与管路系统无关，而只与调节阀的结构和开度有关。当调节阀的结构和流量系数 C_{100} 确定以后，就可以从制造厂商的产品目录中查出调节阀的口径。

通常取额定工况流量的 1.25 倍作为计算 C_{100} 值时的最大流量。如果这个最大流量取得过大，会使阀门经常处于小开度下运行，压力损失大；反之，如果这个最大流量取得过小，可能会使调节阀的调节范围不够。

调节阀是一个局部阻力可变的节流元件。当流体通过调节阀时，由于阀芯、阀座所造成的流通面积的局部缩小，形成局部阻力，它使流体的压力和速度产生变化，如图 4.11 所示。

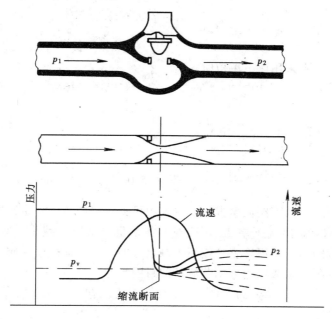

图 4.11　流体通过节流孔时压力和速度的变化

如果调节阀前后的管道直径一致，流速相同，根据流体的能量守恒原理，不可压缩流体流经调节阀的能量损失为

$$H = \frac{p_1 - p_2}{\rho g}$$

式中　H——单位重量流体流过调节阀时的能量损失；

　　　p_1——调节阀阀前压力；

　　　p_2——调节阀阀后压力；

　　　ρ——流体密度；

　　　g——重力加速度。

如果调节阀的开度不变，流经调节阀的流体不可压缩，则流体的密度不变，那么，单

位重量流体的能量损失与流体的动能成正比，即

$$H = \xi \frac{v^2}{2g}$$

式中　v——流体的平均流速；

　　　g——重力加速度；

　　　ξ——调节阀的阻力系数，与阀门结构形式、流体性质和阀门开度有关。

流体在调节阀中的平均流速为：

$$v = \frac{Q}{A}$$

式中　Q——流体的体积流量；

　　　A——调节阀接管截面积。

综合上述三式，可以得到调节阀的流量方程式为：

$$Q = \frac{A}{\sqrt{\xi}} \sqrt{\frac{2}{\rho}(p_1 - p_2)} = \frac{A}{\sqrt{\xi}} \sqrt{\frac{2\Delta p}{\rho}}$$

其中 $\Delta p = p_1 - p_2$。

当上式中各项参数采用以下单位时：

A——cm^2；ρ——g/cm^3（即 $10^{-5}N\cdot s^2/cm^4$）；Δp——$100kPa$（$10N/cm^2$）；Q——m^3/h，流量方程式为：

$$Q = \frac{A}{\sqrt{\xi}} \sqrt{\frac{2 \times 10 \Delta p}{10^{-5}\rho}} \quad (cm^3/s)$$

$$= \frac{3600}{10^6} \sqrt{\frac{20}{10^{-5}}} \frac{A}{\sqrt{\xi}} \sqrt{\frac{\Delta p}{\rho}} = 5.09 \frac{A}{\sqrt{\xi}} \sqrt{\frac{\Delta p}{\rho}} \quad (m^3/h)$$

上式是实际应用的调节阀流量方程。由式中可见，当调节阀一定，即调节阀接管截面积 A 一定，并且调节阀两端压差 Δp 不变时，如果阻力系数 ξ 减小，则流量 Q 增大，反之亦然。所以调节阀的工作原理就是按照控制信号的大小，通过改变阀芯行程来改变流通截面积，从而改变阻力系数以达到调节流量的目的。

根据流量系数的定义，将 $\Delta p = 1$，$\rho = 1$ 代入上式，有

$$C = 5.09 \frac{A}{\sqrt{\xi}}, \text{即} \quad Q = C\sqrt{\frac{\Delta p}{\rho}}$$

如果采用国际单位制，流量系数用 K_v 表示。它的定义是：温度为 $278 \sim 313K$ 的水在 $10^5 Pa$ 压降下，一小时内通过阀门的立方米数。

另外，在采用英制的国家里用 C_v 表示流量系数。C_v 的定义是用 $40 \sim 60°F$ 的水，保持阀门两端压差为 1 磅/平方英寸（psi），阀门全开状态下每分钟流过水的美加仑数。

这三种单位制的换算公式为：

$$K_v \approx C; C_v \approx 1.167 C$$

我们已经知道，通过调节阀的流量

$$Q = C\sqrt{\frac{\Delta p}{\rho}}$$

这样，只要知道了通过阀门的体积流量 Q 和流体的密度 ρ，就可以计算出相应的阀门流量

系数 C。在工程实际中，当正常流量 Q、阀门压降 Δp 和流体密度 ρ 确定以后，我们就可以根据上式计算出调节阀的流通能力，然后根据 C 值和调节阀的类型，查相应的产品样本，最终确定调节阀的口径。

各种流体的阀门 C 值计算方法很多，特别是在气体管路上使用时有各种不同的修正方法，一些常用的实用公式见表 4.1。

阀门流量系数的常用计算公式   表 4.1

流体		压差条件	计算公式	采用单位
液体		—	$C = 313.21 \dfrac{Q}{\sqrt{\dfrac{\Delta p}{\rho}}}$ 或 $C = 313.21 \dfrac{m}{\sqrt{\Delta p \rho}}$ 当液体黏度为 $20 \times 10^{-6} \text{m}^2/\text{s}$ 以上时，须对 C 值进行校正。	Q——体积流量，m^3/h m——质量流量，t/h Δp——阀门压降，Pa ρ——液体密度，g/cm^3
气体	一般气体	当 $P_2 > 0.5 P_1$	$C = 0.26316 Q_0 \sqrt{\dfrac{\rho_0 T}{\Delta p \,(p_1 + p_2)}}$	Q_0——标准状态下气体体积流量，m^3/h（$0\,^\circ\text{C}$，101325Pa） ρ_0——标准状态下气体密度，kg/m^3（$0\,^\circ\text{C}$，101325Pa） T——阀前气体绝对温度，K Δp——阀门压降，Pa P_1、P_2——调节阀前、后压力，Pa
		当 $P_2 < 0.5 P_1$	$C = 82.423 Q_0 \dfrac{\sqrt{\rho_0 T}}{P_1}$	
蒸汽	饱和水蒸气	当 $P_2 > 0.5 P_1$	$C = 19.576 m_q \sqrt{\dfrac{1}{\Delta p \,(p_1 + p_2)}}$	m_q——蒸汽流量，kg/h Δp——阀门压降，Pa P_1、P_2——调节阀前、后压力，Pa（绝对压力） ΔT——水蒸气过热温度，$^\circ\text{C}$
		当 $P_2 < 0.5 P_1$	$C = 82.423 \dfrac{m_q}{1.4067 \times 10^{-4} P_1}$	
	过热水蒸气	当 $P_2 > 0.5 P_1$	$C = 19.576 m_q \dfrac{1 + 0.0013 \Delta T}{\sqrt{\Delta p \,(p_1 + p_2)}}$	
		当 $P_2 < 0.5 P_1$	$C = \dfrac{m_q \,(1 + 0.0013 \Delta T)}{1.4067 \times 10^{-4} P_1}$	

第四节 阻 塞 流 现 象

根据流量方程式，当调节阀确定后，通过调节阀的流量将与调节阀两端的压差成正比。但在事实上，当阀前压力 p_1 保持恒定而逐步降低阀后压力 p_2 时，流经调节阀的流量会增加到一个最大极限值，如图 4.12 所示。如果再继续降低 p_2，流量也不再增加，此极限流量称为阻塞流。此时调节阀的流量就不再遵循流量方程式的规律。

在液体管路的调节阀中，产生阻塞流的主要原因是空化作用。如图 4.11 所示，当压力为 p_1 的液体流经节流截面时，流速突然急剧增加，动压增加而静压下降。当节流截面处的静压下降到等于或低于该流体在当时温度下的饱和蒸气压 p_v 时，部分液体就气化成为气体，形成气液两相共存的现象，这种现象称为闪蒸。如果阀后压力 p_2 不是保持在饱

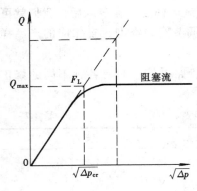

图 4.12 p_1 恒定时 Q 与 $\sqrt{\Delta p}$ 的关系

和蒸气压以下，而是在节流截面后又急剧上升，这时气泡就会产生破裂并转化为液态，这个过程即为空化作用。所以，空化作用是一种两阶段现象，第一阶段是液体内部形成空腔或气泡，即闪蒸阶段；第二阶段是这些气泡的破裂，即空化阶段。在图 4.13 是一个在节流孔后产生空化作用的示意图。由于许多气泡集中在节流截面处，自然影响了流量的增加，产生了阻塞现象。

产生闪蒸时，对阀芯等材质有侵蚀破坏作用，而在产生空化作用时，由于节流截面后压力逐渐恢复，升高的压力压缩气泡，最后气泡突然破裂，所有的能量集中在破裂点上，产生极大的冲击力，对阀件表面产生破坏。

当调节阀出现阻塞流后，除了对阀件有破坏作用之外，还将影响流量计算的正确性。因此计算流量系数和流量时，首先应当判断调节阀是否处于阻塞流情况。不可压缩液体在调节阀内产生阻塞流的条件，与该液体的物理性质和调节阀的结构、流路形式等有关。具体内容可参见有关书籍。

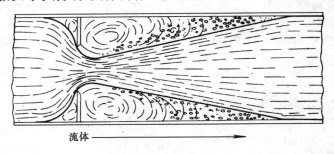

流体 ⟶

图 4.13 节流孔后的空化作用

第五节 调节阀的结构特性

调节阀的结构特性是指阀芯与阀座之间的节流面积与阀门开度之间的关系，通常用相对量来表示为

$$f = \varphi(l)$$

式中，$f = F/F_{100}$ 为相对节流面积，指调节阀在某一开度下节流面积 F 与全开时节流面积 F_{100} 之比；$l = L/L_{100}$ 为相对开度，指调节阀在某一开度下行程 L 与全开时行程 L_{100} 之比。

除了数字式调节阀之外，调节阀的结构特性取决于阀芯的形状，不同的阀芯曲面（曲线）对应不同的结构特性。常见的调节阀结构特性有直线、等百分比、快开、抛物线四种，其特性曲线如图 4.14 所示。

一、直线结构特性

直线结构特性是指调节阀节流面积与阀的开度成直线关系，用相对量表示有

$$\frac{\mathrm{d}f}{\mathrm{d}l} = K_{\mathrm{f}}$$

对上式积分，得

$$f = K_f l + C$$

式中，K_f 和 C 均为常数。将边界条件 $L = 0$ 时 $F = F_0$；
$L = L_{100}$ 时 $F = F_{100}$ 代入，得

$$f = \frac{1}{R}[1 + (R - 1)l]$$

式中 F_{100}——调节阀全开时的节流面积；

        F_0——最小可控节流面积；

   $R = F_{100}/F_0$——调节阀的可调范围。

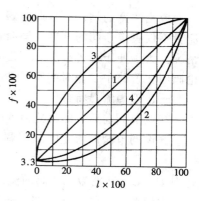

图 4.14　调节阀的结构特性

　　这种结构特性的斜率在整个行程中是一个常数，只要阀芯位移的变化量相同，则节流面积的变化量也相同。其特性如图 4.14 中的曲线 1 所示。

二、等百分比结构特性

　　等百分比结构特性是指，在任意开度下，单位行程变化所引起的节流面积变化与各该节流面积本身成正比关系，用相对量表示有

$$\frac{\mathrm{d}f}{\mathrm{d}l} = K_f l$$

对上式积分并代入前述的边界条件，得

$$f = R^{(1-1)}$$

可见，f 与 l 之间成对数关系，在 $f \sim l$ 关系图上是一条对数曲线，如图 4.14 中的曲线 2，因此这种特性又称为对数特性。

三、快开结构特性

　　这种结构特性的调节阀的特点是结构特别简单，阀芯的最大有效行程为阀座直径的 1/4，其特性如图 4.14 中的曲线 3 所示。特性方程为

$$f = 1 - \left(1 - \frac{1}{R}\right)(1 - l)^2$$

这种结构特性的阀门一般用于截止阀，而很少用于调节阀。

四、抛物线结构特性

　　抛物线结构特性是指阀的节流面积与开度成抛物线关系。其特性方程为

$$f = \frac{1}{R}[1 + (\sqrt{R} - 1)l]^2$$

它的特性很接近等百分比特性，如图 4.14 中曲线 4 所示。

第六节　调节阀的流量特性

　　调节阀的流量特性是指流体通过阀门的流量与阀门开度之间的关系，通常用相对量来表示为

$$q = f(l)$$

式中，$q = Q/Q_{100}$ 为相对流量，指调节阀在某一开度下的流量 Q 与全开时流量 Q_{100} 之比。

应当注意的是，一旦调节阀制成后，它的结构特性就确定不变了。但是通过调节阀的流量不仅决定于阀的开度，同时也决定于阀门前后的压差和它所在的整个管路系统的工作情况。为了便于分析起见，下面先讨论当阀门前后压差固定的情况下阀的流量特性，再讨论阀门在管路中工作时的实际情况。

一、理想流量特性

在调节阀前后压差固定（$\Delta p =$ 常数）的情况下得到的流量特性称为理想流量特性。

假设调节阀的流量系数与调节阀的节流面积成正比，即

$$C = C_{100}f$$

式中 C、C_{100} 分别为调节阀的流量系数和额定流量系数。

由流量系数的定义可知，通过调节阀的流量为

$$Q = C\sqrt{\frac{\Delta p}{\rho}} = C_{100}f\sqrt{\frac{\Delta p}{\rho}}$$

当调节阀全开时，$f = 1$，$Q = Q_{100}$，上式成为

$$Q_{100} = C_{100}\sqrt{\frac{\Delta p}{\rho}}$$

从以上两式可得，当 $\Delta p =$ 常数时，有

$$q = f$$

因此，当调节阀的流量系数与节流面积成正比时，调节阀的结构特性就是理想流量特性。

应当指出，当 $\Delta p =$ 常数时，调节阀的流量系数与节流面积之间的关系并不是严格线性的，所以上述结论只是在大致上成立。

二、工作流量特性

调节阀在实际使用条件下，其流量与阀门开度之间的关系称为调节阀的工作流量特性。调节阀与管系的连接有串联与并联两种情况，下面分别予以讨论。

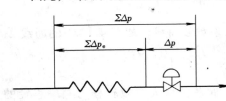

图 4.15　调节阀与管系串联工作

1. 串联管系

调节阀与管系串联工作的情况如图 4.15 所示，此时阀上的压降只是整个管系压降的一部分。由于设备和管道上的压力损失 $\Sigma\Delta p_e$ 与通过的流量成平方关系，当总压降 $\Sigma\Delta p$ 一定时，随着阀门开度逐渐增大，管道流量增加，调节阀上的压降 Δp 将逐渐减小，整个压力变化的情况如图 4.16 所示。这样，在同样的开度下，流量要比调节阀两端压降保持不变的理想情况时小。

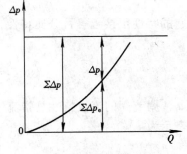

图 4.16　串联管系
调节阀上压降变化

若以 S_{100} 表示调节阀全开时的压降 Δp_{100} 与系统总压降 $\Sigma\Delta p$ 之比，并称之为全开阀阻比，即

$$S_{100} = \frac{\Delta p_{100}}{\Sigma\Delta p} = \frac{\Delta p_{100}}{\Delta p_{100} + \Sigma\Delta p_e}$$

式中，$\Sigma\Delta p_e$ 为管道系统中除调节阀外的各部分压降之和。

全开阀阻比 S_{100} 是表示串联管系中配管状况的一个重要参数。

由

$$Q = C_{100}f\sqrt{\frac{\Delta p}{\rho}}$$

可得

$$Q^2 = C_{100}^2 f^2 \frac{\Delta p}{\rho}$$

对于管道，与调节阀类似，可以引入流量系数的概念。管道流量系数表示在单位压降下通过管道的流体体积流量。考虑到管道流通面积固定（$f_e = 1$），则其上流量与压降之间的关系为：

$$Q^2 = C_e^2 \frac{\Sigma \Delta p_e}{\rho}$$

由上述两式，并考虑到 $\Sigma \Delta p = \Delta p + \Sigma \Delta p_e$，可得

$$\Delta p = \frac{\Sigma \Delta p}{\dfrac{C_{100}^2}{C_e^2}f^2 + 1}$$

当调节阀全开时（$f = 1$），其两端压差为

$$\Delta p_{100} = \frac{\Sigma \Delta p}{\dfrac{C_{100}^2}{C_e^2} + 1}$$

因此

$$S_{100} = \frac{C_e^2}{C_{100}^2 + C_e^2}$$

这样，就得到了调节阀两端压降、相对节流面积与 S_{100} 之间的关系，即

$$\Delta p = \frac{\Sigma \Delta p}{\left(\dfrac{1}{S_{100}} - 1\right)f^2 + 1}$$

最后，可以得到串联管系中调节阀的相对流量为

$$q = \frac{Q}{Q_{100}} = \frac{f}{\sqrt{\left(\dfrac{1}{S_{100}} - 1\right)f^2 + 1}}$$

式中 Q_{100} 为理想情况下 $\Sigma \Delta p_e = 0$ 时阀全开时的流量。以 $f = \varphi(l)$ 代入上式，可得图 4.17 所示的以 Q_{100} 为参比值的调节阀流量特性。

对于直线结构特性的调节阀，由于串联管系阻力的影响，直线的理想特性会畸变成一组斜率越来越小的曲线，如图 4.17（a）所示。随着 S_{100} 值的减小，流量特性畸变为快开特性，以致在开度为 50% ~ 70% 时，流量已经接近其全开时的数值。对于等百分比特性的调节阀，情况也与此相似。如图 4.17（b）所示，随着 S_{100} 值的减小，流量特性将畸变成直线特性。在实际使用中，S_{100} 的值一般不希望小于 0.3 ~ 0.5。当管道特别长或者是高压管道上的调节阀，S_{100} 的值可以适当小一些，但也不应小于 0.15。S_{100} 很小意味着调节阀上的压降在整个管系总压降中占的比例很小，所以它调节流量的作用也就不很灵敏，特别是在阀门开度较大的情况下尤其会出现这一问题。

另外，由于串联管系中管道阻力的存在，还会使得调节阀的可调比变小。调节阀的理

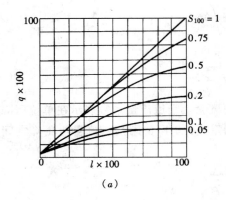

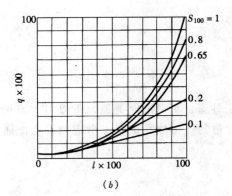

图 4.17　串联管系中调节阀的工作流量特性

(a) 直线结构特性；(b) 等百分比结构特性

想可调比 R_i 是指在阀门两端压降恒定的情况下，调节阀能够控制的最大流量 Q_{100} 与最小流量（指最小可控流量，不是阀门泄漏量）Q_0 之比：

$$R_i = \frac{Q_{100}}{Q_0}$$

在调节阀两端压降恒定的情况下，有

$$R_i = \frac{Q_{100}}{Q_0} = \frac{C_{100}\sqrt{\frac{\Delta p}{\rho}}}{C_0\sqrt{\frac{\Delta p}{\rho}}} = \frac{C_{100}}{C_0}$$

式中，C_0 为阀门在最小流量时的流量系数。

因为

$$C_0 = C_{100}f_0 = C_{100}\frac{F_0}{F_{100}}$$

代入上式，得

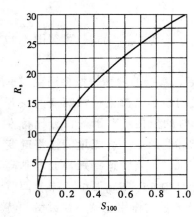

图 4.18　串联管系中调节阀
实际可调比与 S_{100} 值的关系

$$R_i = \frac{F_{100}}{F_0} = R$$

R 即为调节阀的可调范围。由于受到阀芯制造工艺的限制，F_0 不可能做得很小，因此目前调节阀的 R 一般为 $30 \sim 50$。

在串联管系中，$S_{100} < 1$，调节阀的实际可调比为

$$R_s = \frac{Q_{r100}}{Q_{r0}}$$

式中 Q_{r100}、Q_{r0} 分别为在管系阻力不可忽略时调节阀能够控制的最大流量和最小流量。

根据流量系数的定义可知，

$$R_s = \frac{C_{100}}{C_0}\sqrt{\frac{\Delta p_{100}}{\Delta p_0}}$$

考虑到当调节阀全关时其两端压降近似等于管道系统中的总压降 $\Sigma \Delta p$，因此有

$$R_s \approx R_i \sqrt{S_{100}}$$

图 4.18 为 R_i 等于 30 时，R_s 与 S_{100} 之间的关系。由图中可见，在串联管系中调节阀的实际可调比将降低。S_{100} 值越小，实际可调比越低。当 $S_{100}=0.3$ 时，实际可调比大约在 16 左右。

2. 并联管系

当调节阀与管系并联时，调节阀实际上起旁通阀作用，它的工作情况如图 4.19 所示。

令 S'_{100} 为并联管系中调节阀全开流量与总管最大流量 $Q_{\Sigma max}$ 之比，称 S'_{100} 为调节阀的全开流量比，即

$$S'_{100} = \frac{Q_{100}}{Q_{\Sigma max}} = \frac{C_{100}}{C_{100} + C_e}$$

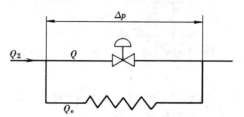

图 4.19　调节阀与管道并联工作

S'_{100} 是表征并联管系配管状况的一个重要参数。

显然，总管流量是调节阀流量与旁通管路流量之和，即

$$Q_\Sigma = Q + Q_e = C_{100}f\sqrt{\frac{\Delta p}{\rho}} + C_e\sqrt{\frac{\Delta p}{\rho}} = (C_{100}f + C_e)\sqrt{\frac{\Delta p}{\rho}}$$

当调节阀全开时，总管的流量最大，有

$$Q_{\Sigma max} = Q_{100} + Q_e = (C_{100} + C_e)\sqrt{\frac{\Delta p}{\rho}}$$

因此，并联管系的工作流量特性为

$$\frac{Q_\Sigma}{Q_{\Sigma max}} = S'_{100}f + (1 - S'_{100})$$

以 $f = \varphi(l)$ 代入上式，可得图 4.20 所示的以 S'_{100} 为参比值的调节阀流量特性。

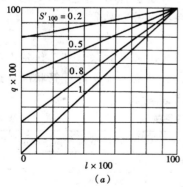
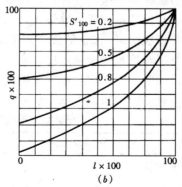

图 4.20　并联管系中调节阀的工作流量特性

（a）直线结构特性；（b）等百分比结构特性

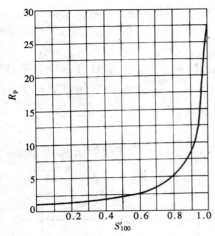

图 4.21　并联管系中调节阀实际
可调比与 S'_{100} 值的关系

由图中可见，当 $S'_{100} = 1$ 时，旁通管路中的流量为零，调节阀的工作特性就是理想特性。随着旁通管路中的流量逐渐增加，S'_{100} 值减小，尽管调节阀本身的特性没有变化，但是可调比却大大下降，这将使得整个管系中可控制的流量减小，严重时甚至会使调节阀失去控制作用。

与串联管系的情况相类似，并联管系中调节阀的可调比 R_p 可定义为

$$R_p = \frac{Q_{\Sigma max}}{Q_0 + Q_e} = \frac{R_i}{R_i - (R_i - 1)S'_{100}}$$

图 4.21 为 R_i 等于 30 时，R_p 与 S'_{100} 之间的关系。由图中可见，随着 S'_{100} 值的减小，R_p 急剧下降，因此实际调节作用很差。在实际使用时，一般要求 $S'_{100} > 0.8$，也就是说，旁通管系中的流量只占总流量的百分之十几，此时的实际可调比仅为 4.4。如果要求实际可调比为 15，则需 $S'_{100} \approx 0.97$，这时旁通管系中的流量只占总流量的百分之三。

第七节　调节阀流量特性和口径的选择

目前常用调节阀的流量特性有直线、等百分比和快开三种，它们基本上能够满足绝大多数控制系统的要求。由于快开特性主要适用于双位控制，因此调节阀的流量特性选择实际上是指直线和等百分比特性的选择。一般应从控制系统特性、负荷变化和 S_{100} 值大小三个方面综合考虑。

一、从改善控制系统控制品质考虑

线性控制系统的总增益，在整个控制系统的工作范围内应保持不变。通常，测量装置和控制器本身的增益是一个常数。但是，有些被控对象的特性却往往具有非线性特性。因此，可以适当选择调节阀的特性，以其放大系数的变化补偿被控对象增益的变化，使得控制系统的总增益保持恒定或大致恒定，从而改善控制系统的控制品质。

二、从配管状况（S_{100} 值的大小）考虑

调节阀总是与管系和设备连接使用。无论是与管系串联还是并联，其工作特性都与理想特性不同。因此，首先应当选择希望的工作流量特性，然后考虑实际配管状况，最后确定调节阀的流量特性。当调节阀与管系串联时，可参考表 4.2。

配管状况与调节阀工作流量特性关系　　　　　　　　　表 4.2

配管状况	$S_{100} = 1 \sim 0.6$		$S_{100} = 0.6 \sim 0.3$		$S_{100} < 0.3$
阀门工作流量特性	直线	等百分比	直线	等百分比	不适宜控制
阀门理想流量特性	直线	等百分比	等百分比	等百分比	

由上表可以看出，当 $S_{100} = 1 \sim 0.6$ 时，调节阀的理想流量特性与希望的工作流量特性

基本一致；但在 $S_{100} = 0.6 \sim 0.3$ 时，如果希望的工作流量特性为直线型，则在考虑配管状况以后，应选择理想流量特性为等百分比特性的调节阀。

当调节阀与管系串联时，如果对于被控对象的特性不十分清楚，可以参照表 4.3 选择、确定调节阀的流量特性。

调节阀理想流量特性选择原则 表 4.3

特性 S 值	直线特性	等百分比特性
$S_n = \dfrac{\Delta p_n}{\Sigma \Delta p} > 0.75$	(1) 液位定值控制系统 (2) 主要扰动为设定值的流量、温度控制系统	(1) 流量、压力、温度定值控制系统 (2) 主要扰动为设定值的压力控制系统
$S_n = \dfrac{\Delta p_n}{\Sigma \Delta p} \leqslant 0.75$		各种控制系统

注：Δp_n—正常流量时的阀门压降；$\Sigma \Delta p$—管道系统总压降；S_n—正常工作流量时的阀阻比。

在选择调节阀的口径时，考虑到为了保证调节阀具有一定的调节裕量，当管路通过额定流量时，调节阀的开度一般应保持在 75% ~ 80% 左右。

第八节　控　制　风　阀

在空气调节系统的风系统中，控制风阀所起的作用与水系统中的调节阀所起的作用相类似，控制风阀也是一个阻力可变的元件，空气的流动受到控制风阀的调节。这种调节可以是双位调节，如隔离风阀；也可以是连续调节，如控制风阀。由于风系统是低压头、大流量、大管径的空气系统，在其中应用的控制风阀，最常见的形式为旋转多叶片风阀，与水系统中以柱塞阀为代表的调节阀在特性方面有很大的不同。

旋转多叶片风阀中的叶片有两种不同的布置方案：平行叶片和对开叶片。当风阀两端的压降为常数时，风阀叶片的旋转角度与通过风阀的空气流量之间的关系为风阀的固有特性，见图 4.22。

在理想情况下，风阀的固有特性应当是直线。但是，由于多个叶片之间的相互影响，

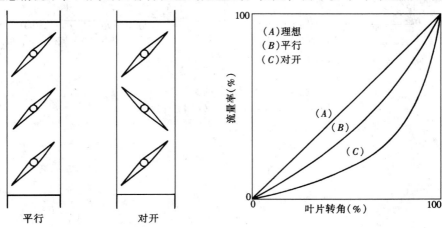

图 4.22　控制风阀的类型及其固有特性

使得其实际固有特性发生畸变，如图4.22中所示。

与水系统中的调节阀一样，当控制风阀安装在风道上以后，风阀两端的压降并不是常数，而是随着风阀开度的减小而增加。这样，风阀开度与流量之间的关系就不再服从其固有特性，而是风阀阀阻比的函数。风阀阀阻比的定义与调节阀阀阻比相同。

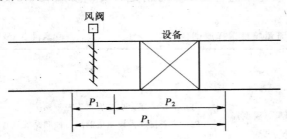

$$N = \frac{P_1}{P_1 + P_2}$$

式中　　N——风阀阀阻比；

P_1——风阀两端压降；

P_2——管道其余部分总压降。

控制风阀的实际工作情况如图4.23所示。由图中可以看出，$P_1 + P_2 = P_t$为

图4.23　控制风阀的实际工作情况

常数。此时它的实际工作特性如图4.24所示。

由图4.24可知，对于对开叶片的控制风阀，当$N = 5\%$时其特性最接近于直线，而对于平行叶片的控制风阀，在$N = 20\%$时其特性最接近直线。这意味着为了获得同样的直线特性，采用平行叶片时风阀两端的压力损失是采用对开叶片的4倍。因此，在除了需要风阀提供额外阻力的场合（如为了平衡风道阻力）外，应尽量采用对开叶片的控制风阀，以减少风阀带来的压力损失。

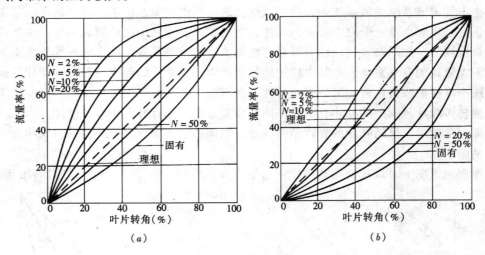

图4.24　控制风阀的实际工作特性

(a) 平行叶片；(b) 对开叶片

第五章 计算机控制系统

数字计算机在楼宇自动控制系统中的应用，主要是作为控制系统中的一个重要组成部分，完成预先规定的控制任务。计算机控制系统又称为数字控制系统，是采用数字技术实现各种控制功能的自动控制系统。数字控制系统的特点是系统中有一处或几处的信号具有数字代码的形式。在计算机控制系统中，计算机的作用主要有三个方面：(1) 对于复杂的控制系统，输入信号和根据控制规律的要求实现的输出信号的计算工作量很大，采用模拟装置不能满足精度/速度要求，需要采用数字计算机；(2) 用数字计算机的软件程序实现对控制系统的校正，以保证控制系统具有所要求的动态特性；(3) 由于数字计算机具有快速完成复杂的工程计算的能力，因而可以实现对系统的最优控制、自适应控制等高级控制功能。

控制系统中的信号一般可以分为四种类型（见图 5.1）：时间是连续的、信号幅值也是连续的，称为连续时间模拟信号；时间是连续的、信号幅值是不连续的，称为连续时间阶梯形模拟信号；时间是离散的、信号幅值是连续的，称为采样数据信号；时间、信号幅值都是离散的，称为数字信号。

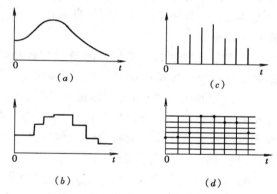

图 5.1 四种不同的信号类型
(a) 连续时间模拟信号；(b) 连续时间阶梯形模拟信号；(c) 采样数据信号；(d) 数字信号

由于在楼宇自动控制系统中，即使在控制器部分采用了数字计算机，但是绝大部分的被调量和操作量都是模拟量，相应的传感器和执行器也是模拟器件。传感器的信号通过A/D 转换器转换成数字信号，进入计算机系统进行运算，输出信号再经过 D/A 转换器转换成模拟信号，驱动执行器。因此，在楼宇自动控制系统中的计算机控制系统，并不是纯数字系统，而是具有模拟—数字混合系统的特征。

第一节 计算机控制系统的一般组成

由于被控对象、控制功能及控制设备的不同，计算机控制系统的组成是各不相同的。但是，各种计算机控制系统都有一个基本特征：它是一个实时系统，与其他计算机系统类似，由硬件与软件两大部分组成。

一、硬件组成

计算机控制系统的硬件一般由被控对象、I/O 通道、计算机、接口电路、控制操作台以及测量、变送元件和执行机构等几部分组成，如图5.2所示。

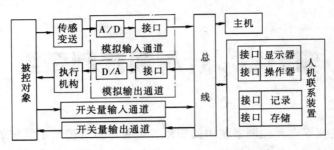

图 5.2　计算机控制系统的硬件组成

1. 主机。主机通常包括微处理器（CPU）、内存储器（ROM、RAM）和系统总线，它是整个控制系统的核心。主机根据从输入通道送来的测量信号和设定值，按照预先编制好的控制程序，以一定的规律对信息进行处理、计算，形成控制信号由输出通道送至执行机构和有关设备。

2. 测量元件和执行机构。测量元件包括数字测量元件和模拟测量元件，执行机构根据需要可以接受模拟控制量和数字控制量。

3. 过程通道（输入/输出通道）。输入/输出通道把计算机与测量元件、执行机构和被控对象连接起来，进行信息的传递和变换。输入/输出通道一般可分为模拟量输入通道、数字量输入通道、模拟量输出通道和数字量输出通道。模拟量输入/输出通道主要由A/D变换器和D/A变换器组成。

4. 接口电路。输入/输出通道、控制台等设备通过接口电路传送信息和命令，接口电路一般有并行接口、串行接口和管理接口。

5. 控制台。操作人员通过控制台与计算机进行人机对话，随时了解运行状态，修改控制参数和控制程序，发出控制命令，判断故障和进行人工干预等。

二、软件组成

计算机控制系统的软件通常分为两大类：系统软件和应用软件。

系统软件是计算机运行的基本条件之一，它包括操作系统、监控程序和故障诊断程序等，这类程序具有通用性。

应用软件主要是根据用户需要解决的控制问题而编写的各种程序，对于不同的被控对象和不同的控制目的，应用软件有很大的差别。在计算机控制系统中，应用软件与有关的硬件及系统软件相互配合，完成信息的获取、加工和传递任务。应用软件的编制是否合理及质量好坏将直接影响到控制系统的控制效果。

与一般用途的计算机相比较，控制系统中的计算机具有以下特点：

1. 实时性。计算机的运行速度要保证实时的数据采集、实时的决策运算、实时控制和实时报警。

2. 高可靠性。包括硬件的必要冗余和软件的容错性。

3. 环境的适应性。计算机控制系统比一般用途的计算机工作条件恶劣，各种干扰也较大，应保证机器在恶劣环境下能够长期可靠地工作。

第二节 计算机控制系统的一般类型

在楼宇自动控制系统中，计算机控制系统主要有直接数字控制（DDC）和集散控制系统（DCS）两种类型。

一、直接数字控制系统（DDC）

直接数字控制（Direct Digital Control）这个名词是为了强调计算机直接控制被控对象这一特征。图 5.3 是 DDC 系统的框图。在直接数字控制系统中，计算机通过多点巡回检测装置对被调量进行采样，经过数据处理，计算出控制量，经由输出通道去控制执行机构，使得被调量按给定值变化。由于直接数字控制直接作用于被控对象，因此要求计算机有较高的可靠性和较低的价格。早期的计算机直接数字控制系统采用集中控制的方式，用增加控制回路数来降低控制系统的价格，但是可靠性得不到保证。一旦控制计算机发生故障，就会造成整个系统停止工作。另外，随着控制回路数量的增加，测量信号和控制指令的传递对通信系统造成了很大的压力，影响到系统的控制品质并进一步降低了系统的可靠性。随着微处理器技术和集成电路技术的飞速发展，价格不断下降，现在每个控制计算机的控制回路数已大大减少，甚至可以实现单回路控制。这样就使直接数字控制由集中型向分散型转移，出现了"控制分散、信息集中"的集散型控制系统。

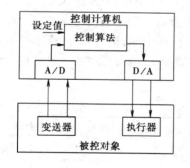
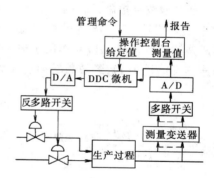

图 5.3　DDC 系统

二、集散控制系统（DCS）

集散控制系统（Distributed Control System）又称为分布式控制系统，其框图如图 5.4 所示。

集散型控制系统的实质是利用计算机技术对实际过程进行集中监视、操作、管理和分散控制的一种新型控制技术。它是由计算机技术、信号处理技术、测量控制技术、网络通信技术和人机接口技术的发展和相互渗透而产生的。它的主要组成部分有集中管理部分、分散控制监测部分和通信部分。集中管理部分又可分为工程师站、操作站和管理计算机。工程师站主要用于管理和维护，操作站则用于监视和操作，管理计算机用于全系统的优化控制和信息管理。分散控制监测部分可按功能分为控制站、监测站或现场控制站，它用于实际的控制与监测，本质上是一个 DDC 系统。通信部分连接集散型控制系统的各个分布部分，完成数据、指令及其他信息的传递。

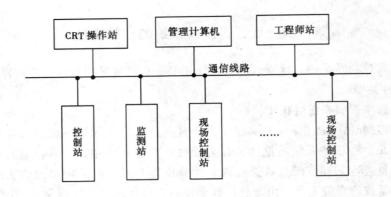

图 5.4 DCS 系统

在集散控制系统中，按区域将微处理器安装在测量装置和执行机构附近，将控制功能尽可能分散，而管理功能则相对集中。这种集散型的控制方式能够提高系统的可靠性，不像在直接数字控制系统中那样，当计算机发生故障时会导致整个系统失去控制。

第三节　信号的采样与复现

图 5.5 是典型数字控制系统的方框图。这里给定值 $r(t)$ 经过采样器变换成离散给定值 $r^*(t)$，离散误差信号 $e^*(t)$ 经数字控制器的处理后形成离散的控制信号 $m^*(t)$，再经过数模转换形成连续控制信号 $m(t)$，作用于被控对象。在反馈回路，被调量 $y(t)$ 经过测量和变换后仍为连续反馈量 $f(t)$，经模数转换后成为离散反馈量 $f^*(t)$，再与离散给定值 $r^*(t)$ 进行比较。

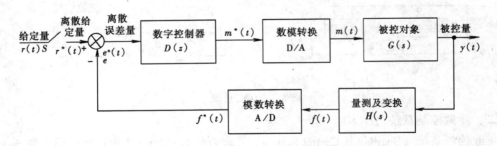

图 5.5　数字控制系统框图

一、采样过程

连续时间模拟信号经过采样器变换成为采样数字信号的过程称为采样过程。采样形式有多种，最简单而又最普通的是采样间隔相等的周期采样。另外还有在同一个系统中进行两种或两种以上不同周期的多速率采样，以及采样周期随机改变的随机采样等。以下我们只讨论周期采样。

在数字控制系统中，采样器可以看做是产生脉冲序列（采样信号）的元件，采样过程可以理解为连续信号的脉冲调制过程，即连续信号与采样信号相乘。最常用的采样信号是

单位脉冲信号 $\delta(t)$：

$$\delta(t) = \begin{cases} 0, t < 0, t > \varepsilon \\ \lim\limits_{\varepsilon \to 0} \dfrac{1}{\varepsilon} \quad 0 \leqslant t \leqslant \varepsilon \end{cases}, \int_0^\infty \delta(t)\mathrm{d}t = 1$$

当一个单位脉冲信号 $\delta^*(t)$ 与一个任意连续信号 $f(t)$ 相乘后再将其从 0 到正无穷对时间积分，有

$$\int_0^\infty f(t) \cdot \delta(t)\mathrm{d}t = \lim_{t \to 0}\int_0^t f(t) \cdot \delta(t)\mathrm{d}t + \lim_{t \to 0}\int_t^\infty f(t) \cdot \delta(t)\mathrm{d}t$$

$$= \lim_{t \to 0}\int_0^t f(t) \cdot \delta(t)\mathrm{d}t = f(0) \cdot \int_0^t \delta(t)\mathrm{d}t = f(0)$$

即为 $f(t)$ 在 $t = 0$ 时的值。更一般地，有

$$\int_0^\infty f(t) \cdot \delta(t - \tau)\mathrm{d}t = f(\tau)$$

也就是说，当采样信号 $\delta(t)$ 与连续时间模拟信号 $f(t)$ 相乘以后成为采样数字信号 $f^*(t)$，在时刻 τ，采样数字信号 $f^*(t)$ 的幅值就等于 $f(t)$ 在时刻 τ 的值。

采样以后，采样数字信号 $f^*(t)$ 在时间上不连续，通常可以用一个无穷级数来对它进行描述：

$$f^*(t) = f(0)\delta(0) + f(T)\delta(t - T) + \cdots + f(kT)\delta(t - kT) + \cdots = \sum_{k=0}^\infty f(kT)\delta(t - kT)$$

二、采样定理

一个连续信号经过采样以后，我们关心的是它是否能够反映出连续信号的特性，是否能够从采样信号精确地复现出原来的连续信号。在这里，起决定性作用的是采样周期。当采样周期为无穷小时，采样信号就是连续信号，自然能够完全反映出连续信号的特性。当采样周期不是无穷小时，情况就不一样了。因此，选取采样周期是计算机控制系统设计的主要任务之一。下面介绍香农（Shannon）采样定理。

香农采样定理　对于一个具有有限频谱（$|\omega| < \omega_{max}$）的连续信号 $f(t)$ 进行采样，如果采样频率 $\omega_s \geqslant 2\omega_{max}$，或采样周期 $T \leqslant \pi/\omega_{max}$，则采样信号能够无失真地恢复到原来的连续信号 $f(t)$。这里 ω_{max} 是最高信号频率。

应当指出的是，香农采样定理只给出了采样频率的理论下限，或采样周期的理论上限。而在一个实际计算机控制系统中，确定系统中的最高信号频率是十分困难甚至是不可能的。因此，采样周期的选取，还需要综合考虑其他因素后才能确定。

三、保持器

在大多数计算机控制系统中，使用的是连续作用的执行机构，是根据连续的输入信号工作的。如果将采样数字信号直接送到执行机构，执行机构或者无法工作，或者工作在脉动状态，无论出现哪种情况，都是不正常的。因此希望在将采样数字信号送到执行机构之前，能够先复现为连续时间模拟信号。

由采样数字信号 $f^*(t)$ 复现出原来的连续时间信号 $f(t)$ 称为信号的复现。在控制技术中需要找到一种复现方法和装置，既简单、容易实现又能获得满意的复现精度。这就是下面要讨论的保持器。

对于 $kT \leqslant t < (k+1)T$ 时间内的 $f(t)$ 值作幂级数展开，得

$$f(t) = f(kT) + f'(kT)(t - kT) + \frac{1}{2!}f''(kT)(t - kT)^2 + \cdots$$

当连续时间信号被采样以后，$f(t)$ 的值只在各采样时刻才有意义。因此，可以用差商来代替微商（导数），即

$$f'(kT) = \frac{1}{T}\{f(kT) - f[(k-1)T]\}$$

$$\cdots\cdots$$

在 $f(t)$ 的展开式中取第一项近似，有

$$f(t) \approx f(kT), kT \leqslant t < (k+1)T$$

这样就构成了零阶保持器。而如果取前两项近似，即

$$f(t) \approx f(kT) + \frac{(t-kT)}{T}\{f(kT) - f[(k-1)T]\}, kT \leqslant t < (k+1)T$$

则构成了一阶保持器。

零阶保持器将每个采样值 $f(kT)$ $(k = 0, 1, 2, \cdots)$ 一直保持到下一个采样时刻之前，从而使采样数字信号 $f^*(t)$ 变换为分段直线的阶梯状模拟信号 $f_{H_0}(t)$，如图 5.6 所示。把阶梯信号 $f_{H_0}(t)$ 各直线段的中点光滑连接起来，就得到了与 $f(t)$ 形状大致相同而时间上落后 $T/2$ 的响应曲线。这表示一个连续时间模拟信号经过采样—零阶保持器后在时间上落后了 $T/2$。

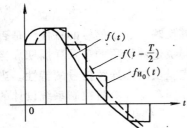

图 5.6 零阶保持器的输入输出特性

很明显，当采样周期 T 越小时，经过零阶保持器复现的信号就越接近原信号。零阶保持器的最大误差为：

$$e_{\text{ZOH}} \leqslant T \cdot \max |f'(t)|$$

零阶保持器的最大优点是结构简单，容易实现。在计算机控制系统中，可以用 D/A 变换器同时兼作零阶保持器。

一阶保持器的输出是两个采样值 $f(kT)$，$f[(k-1)T]$ 的函数，其复现原信号的能力比零阶保持器强，但是因为一阶保持器的结构复杂，相位滞后比零阶保持器大，且不能利用 D/A 变换器，因此在实际系统中多采用零阶保持器。

一阶保持器的最大误差为：

$$e_{\text{FOH}} \leqslant T^2 \cdot \max |f''(t)|$$

第四节　脉 冲 传 递 函 数

在模拟系统中，传递函数是很重要的概念，它是输出量的拉普拉斯变换与输入量的拉普拉斯变换之比。在采样系统的分析中，我们引入了 Z 变换（见附录）。在一个线性采样系统（图 5.7）中，我们定义脉冲传递函数（Z 传递函数）为：在零初始条件下，输出离散信号的 Z 变换与输入离散信号 Z 变换之比。即

$$G(z) = \frac{Y(z)}{R(z)}$$

它的表示形式很像模拟系统中传递函数的定义公式，只是将拉普拉斯变换改成了 Z 变换。

这里需要注意的是，$G(s)$ 表示的是某个线性环节本身的传递函数，是环节特性的反映，而 $G(z)$ 表示的是线性环节与采样器两者组合后的脉冲传递函数。尽管在计算 $G(z)$ 时只需知道线性环节自身的动态特性 $G(s)$，但是求得的 $G(z)$ 却是包含了采样器的性质

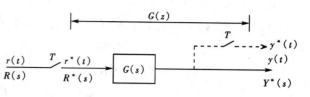

图 5.7　脉冲传递函数

在内的。要是没有采样器，只有线性环节，那就是一个模拟系统，也就没有什么脉冲传递函数了。

1. 开环系统的脉冲传递函数

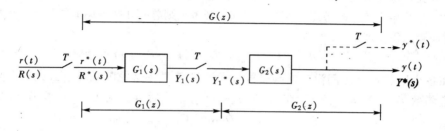

图 5.8　开环系统的脉冲传递函数（1）

一个由两个线性环节构成的采样系统如图 5.8 所示。我们注意到，在这个系统中，两个线性环节之间也有一个采样开关。根据图中各变量之间的关系，有

$$Y_1(s) = R^*(s) G_1(s), Y(s) = Y_1^*(s) \cdot G_2(s)$$

又，

$$Y_1^*(s) = [Y_1(s)]^* = [R^*(s) \cdot G_1(s)]^* = R^*(s) \cdot G_1^*(s)$$

所以，

$$Y(s) = R^*(s) \cdot G_1^*(s) \cdot G_2(s)$$

$$Y^*(s) = [Y(s)]^* = [R^*(s) \cdot G_1^*(s) \cdot G_2(s)]^* = R^*(s) \cdot G_1^*(s) \cdot G_2^*(s)$$

将 $z = e^{Ts}$ 代入，作 Z 变换，得

$$Y(z) = R(z) G_1(z) G_2(z)$$

$$\therefore \qquad G(z) = \frac{Y(z)}{R(z)} = G_1(z) G_2(z)$$

即整个系统的脉冲传递函数等于两个环节脉冲传递函数的积。

但是，如果取消两个线性环节之间的采样开关，即如图 5.9，同样我们有

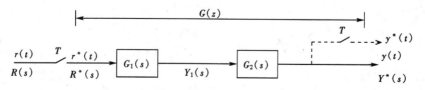

图 5.9　开环系统的脉冲传递函数（2）

$$Y_1(s) = R^*(s) \cdot G_1(s)$$

$$Y(s) = Y_1(s) \cdot G_2(s) = R^*(s) \cdot G_1(s) \cdot G_2(s)$$

$$Y^*(s) = [Y(s)]^*$$

$$= [R^*(s) \cdot G_1(s) \cdot G_2(s)]^* = R^*(s)[G_1(s) \cdot G_2(s)]^* = R^*(s) \cdot G_1 G_2^*(s)$$

$$Y(z) = R(z) G_1 G_2(z)$$

$$\therefore G(z) = \frac{Y(z)}{R(z)} = G_1 G_2(z)$$

一般而言，$G_1(z) G_2(z) \neq G_1 G_2(z)$。

由此可见，采样系统的脉冲传递函数不但与构成系统的各线性环节的参数以及相互之间的联结关系有关，还与系统中采样开关的数量和位置有关。这与模拟系统是完全不一样的。

通常，如果各个串联环节之间都有同步采样开关，则总的脉冲传递函数等于各个串联环节脉冲传递函数之积，即

$$G(z) = G_1(z) G_2(z) \cdots G_n(z)$$

而如果在各个串联环节之间没有同步采样开关，则需要将这些串联环节看成一个整体，求出其传递函数 $G(s) = G_1(s) G_2(s) \cdots G_n(s)$，然后再根据 $G(s)$ 求 $G(z)$，即

$$G(z) = G_1 G_2 \cdots G_n(z)$$

2. 闭环系统的脉冲传递函数

一个典型的闭环系统如图 5.10 所示。如图，有

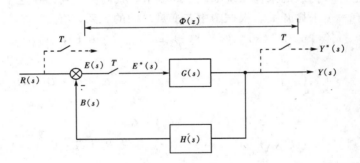

图 5.10 闭环系统的脉冲传递函数

$$E(s) = R(s) - B(s) \quad B(s) = H(s) \cdot Y(s) \quad Y(s) = G(s) \cdot E^*(s)$$

$$\therefore E(s) = R(s) - H(s) \cdot G(s) \cdot E^*(s)$$

两边离散化，得

$$E^*(s) = R^*(s) - HG^*(s) \cdot E^*(s)$$

即

$$E^*(s) = \frac{R^*(s)}{1 + HG^*(s)}$$

又，

$$Y^*(s) = G^*(s) \cdot E^*(s)$$

$$\therefore Y(z) = G(z) \cdot E(z) = \frac{R(z) G(z)}{1 + HG(z)}$$

$$\therefore \phi(z) = \frac{G(z)}{1 + HG(z)}$$

与模拟系统类似，我们将采样系统闭环脉冲传递函数的分母等于 0 的方程

$$1 + HG(z) = 0$$

称为采样系统的特征方程。

与开环系统一样，闭环系统的脉冲传递函数不但与构成系统的各线性环节的参数有关，还与系统中采样开关的数量和位置有关。在表 5.1 中列出了七种典型的离散控制系统结构图及其输出函数的 Z 变换表达式。

典型的离散控制系统结构图及其输出函数的 Z 变换   表 5.1

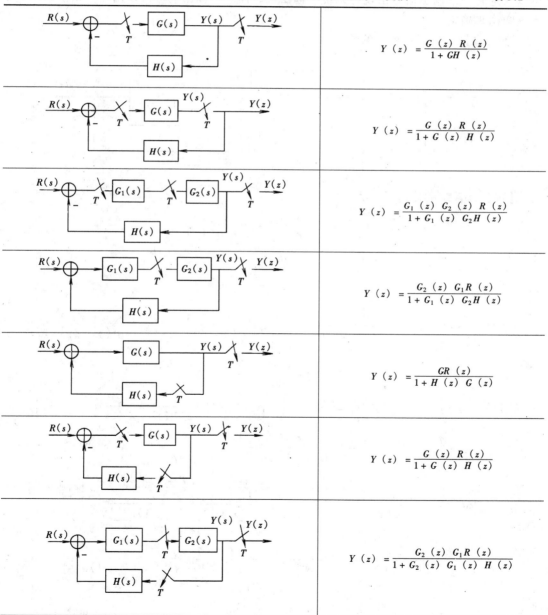

这里需要特别说明的是，并不是所有的采样系统都能够求出其脉冲传递函数。例如在表5.1中，第四、第五和第七种系统就不能求出其脉冲传递函数。但是，我们说不能求出一个采样系统的脉冲传递函数，并不是说它的脉冲传递函数不存在，或者是它的脉冲传递函数不确定，而仅仅是因为在它的输出函数的 Z 变换表达式中，无法将输入函数的 Z 变换 $R(z)$ 项分离出来，因此也就不能按照我们所习惯的那样，在零初始条件下，用输出函数的 Z 变换与输入函数的 Z 变换的商 $Y(z)/R(z)$ 来表示其脉冲传递函数。无论如何，即使我们无法求出一个采样系统的脉冲传递函数，只要构成这个系统的各个环节是定常的，它就仍然是一个定常的系统，这表现为当有一个确定的输入信号施加到系统的输入端时，一定有一个输出信号出现在系统的输出端，而这个输出信号可以用表5.1根据不同的系统结构来确定。

【例 5.1】 求下列系统的传递函数：

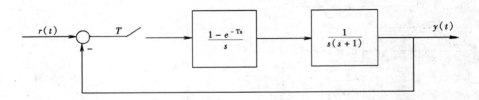

【解】 系统的传递函数为

$$\phi(z) = \frac{Y(z)}{R(z)} = \frac{G(z)}{1 + HG(z)}$$

∵
$$H = 1$$

∴
$$\phi(z) = \frac{G(z)}{1 + G(z)}$$

$$G(z) = Z\left[\frac{1 - e^{-Ts}}{s} \cdot \frac{1}{s(s+1)}\right] = Z\left[\frac{1}{s^2(s+1)}\right] - Z\left[e^{-Ts} \cdot \frac{1}{s^2(s+1)}\right]$$

∵
$$\frac{1}{s^2(s+1)} = \frac{1}{s^2} - \frac{1}{s} + \frac{1}{s+1}$$

∴
$$G(z) = (1 - z^{-1}) \cdot Z\left[\frac{1}{s^2} - \frac{1}{s} + \frac{1}{s+1}\right] = \frac{z-1}{z}\left[\frac{Tz}{(z-1)^2} - \frac{z}{z-1} + \frac{1}{z - e^{-T}}\right]$$

$$= \frac{(T + e^{-T} - 1)z + [1 - (T + 1)e^{-T}]}{z^2 - (1 + e^{-T})z + e^{-T}}$$

∴
$$\phi(z) = \frac{G(z)}{1 + G(z)} = \frac{\dfrac{(T + e^{-T} - 1)z + [1 - (T + 1)e^{-T}]}{z^2 - (1 + e^{-T})z + e^{-T}}}{1 + \dfrac{(T + e^{-T} - 1)z + [1 - (T + 1)e^{-T}]}{z^2 - (1 + e^{-T})z + e^{-T}}}$$

$$= \frac{(T + e^{-T} - 1)z + [1 - (T + 1)e^{-T}]}{z^2 - (1 + e^{-T})z + e^{-T} + (T + e^{-T} - 1)z + [1 - (T + 1)e^{-T}]}$$

$$= \frac{(T + e^{-T} - 1)z + [1 - (T + 1)e^{-T}]}{z^2 + (T - 2)z + (1 - Te^{-T})}$$

第五节 采样系统的稳定性分析

在第一章里，我们已经知道线性模拟系统稳定的充要条件是系统特征方程的根全部都位于 s 平面的左半开平面内，然而要判断一个系统是否稳定并不一定要求解它的特征方程，而是可以通过一些稳定性判据判断出来。同样，采样系统也有稳定性问题，采样系统的稳定性也可以通过特征方程根的分布进行判断。

1. $[s]$ 平面与 $[z]$ 平面的映射关系

根据 Z 变换中的定义，有

$$z = e^{Ts}$$

其中 $s = \sigma + j\omega$，T 是采样周期。将 $s = \sigma + j\omega$ 代入上式，得

$$z^{Ts} = z^{T(\sigma + j\omega)} = e^{T\sigma} \cdot e^{j\omega T}$$

所以有

$$|z| = e^{T\sigma}, \arg z = \omega T$$

即 z 的模由 s 的实部决定，而 z 的幅角由 s 的虚部决定。

对于 s 平面的左半开平面，有 $\sigma < 0$。因为采样周期 T 恒大于零，所以 $|z| < 1$，即 s 平面的左半开平面对应于 z 平面的单位圆内。同样，对于 s 平面的右半开平面，有 $\sigma > 0$，所以 $|z| > 1$，即 s 平面的右半开平面对应于 z 平面的单位圆外。而对于 s 平面的虚轴，有 $\sigma = 0$，则 $|z| = 1$，即 s 平面的虚轴对应于 z 平面的单位圆圆周。

与模拟系统类似，我们同样可以求得一个采样系统稳定的充要条件是其特征方程的全部根的模均小于 1，即 $|z_i| < 1$，$(i = 1, 2, \ldots, n)$，或者说，特征方程的全部根都位于 z 平面以原点为圆心的单位圆内。

在模拟系统中，我们用劳斯判据来判断系统特征方程的根是否位于 s 平面的左半开平面内，从而判断系统的稳定性。如果直接将 z 平面变换到 s 平面，再用劳斯判据来判断采样系统的根是否位于单位圆内，则因为 $z = e^{Ts}$，$s = \frac{1}{T}\ln z$，将会变成 s 的超越函数，特征方程已经不是关于 s 的代数方程。因此，不能直接将 z 平面变换到 s 平面，而需要寻找一种新的坐标变换。

2. 双线性变换（w 变换）

令

$$z = \frac{w + 1}{w - 1}$$

则

$$w = \frac{z + 1}{z - 1}$$

这一变换，称为双线性变换，或 w 变换。

设 $z = x + jy$，则有

$$w = \frac{z + 1}{z - 1} = \frac{x + jy + 1}{x + jy - 1} = \frac{(x^2 + y^2) - 1}{(x - 1)^2 + y^2} - j\frac{2y}{(x - 1)^2 + y^2}$$

由上式可以看出，w 平面的虚轴，对应于式中的实部等于零，即 $x^2 + y^2 = 1$，也就是

对应于 z 平面中的单位圆圆周（除点（1，0）外）。w 平面的左半开平面，对应于式中的实部小于零，即 $x^2 + y^2 < 1$，也就是对应于 z 平面中的单位圆内。而 w 平面的右半开平面，对应于式中的实部大于零，即 $x^2 + y^2 > 1$，也就是对应于 z 平面中的单位圆外。

经过双线性变换以后，将 z 平面上的单位圆内映射到了 w 平面上的左半开平面，如图 5.11 所示。从而就可以在 w 平面上应用劳斯判据来判断采样系统的稳定性，及特征方程根的分布情况。

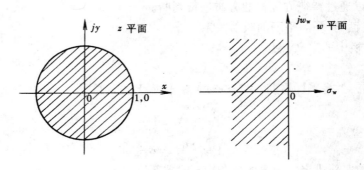

图 5.11 z 平面与 s 平面的对应关系

【**例 5.2**】 已知系统如下图，求当 $T = 1$、$k = 10$ 时系统是否稳定。

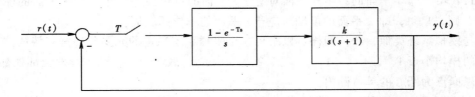

【**解**】 由例 5.1，可知系统的闭环传递函数为

$$\phi(z) = \frac{k\{(T + e^{-T} - 1)z + [1 - (T + 1)e^{-T}]\}}{z^2 - (1 + e^{-T})z + e^{-T} + k\{(T + e^{-T} - 1)z + [1 - (T + 1)e^{-T}]\}}$$

$$= \frac{10(0.368z + 0.264)}{z^2 - (1 + 0.368)z + 0.368 + 10(0.368z + 0.264)}$$

$$= \frac{3.68z + 2.64}{z^2 + 2.31z + 3}$$

∴ 系统的特征方程为 $z^2 + 2.31z + 3 = 0$

作 w 变换，得

$$\left(\frac{w + 1}{w - 1}\right)^2 + 2.31\left(\frac{w + 1}{w - 1}\right) + 3 = 0$$

化简后，得

$$6.31w^2 - 4w + 1.69 = 0$$

由于各项系数异号，因此系统不稳定。作劳斯表可得

6.31　1.69

　−4

1.69

劳斯表的第一列两次变号，因此特征方程有两个根在 z 平面的单位圆之外。实际上，由于本例的特征方程比较简单，可以直接解得其两个根为 $z_{1,2} = -1.16 \pm j1.29$，可见都在单位圆外。

【例 5.3】　系统同例 5.2，求使系统稳定的 k 值的范围。

【解】　当 k 值待定时，系统的特征方程为

$$z^2 + (0.368k - 1.368)z + (0.264k + 0.368) = 0$$

经 w 变换后，得

$$0.632kw^2 + (1.264 - 0.528k)w + (2.736 - 0.104k) = 0$$

作劳斯表，得

$0.632k \qquad 2.736 - 0.104k$

$1.264 - 0.528k$

$2.736 - 0.104k$

要使系统稳定，需有

$$\begin{cases} 0.632k > 0 \\ 1.264 - 0.528k > 0 \\ 2.736 - 0.104k > 0 \end{cases}$$

解得 $0 < k < 2.394$

还需要指出的是，在采样控制系统中，采样周期的变化也会影响系统的稳定性。一般而言，当采样周期缩短时，系统可能稳定的范围将扩大。

【例 5.4】　系统同例 5.3，但采样周期缩短为 $T = 0.5$，求使系统稳定的 k 值的范围。

【解】　当 $T = 0.5$ 时，系统的特征方程为

$$z^2 + (0.107k - 1.607)z + (0.0902k + 0.607) = 0$$

经 w 变换后，得

$$0.197kw^2 + (0.786 - 0.184k)w + (3.214 - 0.0168k) = 0$$

作劳斯表，得

$0.197k \qquad\qquad 3.214 - 0.0168k$

$0.786 - 0.184k$

$3.214 - 0.0168k$

要使系统稳定，需有

$$\begin{cases} 0.197k > 0 \\ 0.786 - 0.184k > 0 \\ 3.214 - 0.0168k > 0 \end{cases}$$

解得 $0 < k < 4.272$

第六节　PID 控制算法

一、数字 PID 控制算法

我们已经知道，在模拟控制系统中，控制器最常用的控制规律是 PID 控制，它是一种反

馈控制器,根据给定值 $r(t)$ 和实际输出值 $y(t)$ 之间的偏差 $e(t) = r(t) - y(t)$ 对被控对象进行控制。其控制规律为

$$u(t) = K_c \Big[e(t) + \frac{1}{T_I} \int_0^t e(t) \mathrm{d}t + T_D \frac{\mathrm{d}e(t)}{\mathrm{d}t} \Big]$$

在计算机控制系统中,使用的是数字 PID 控制器。数字 PID 控制算法通常又分为位置式算法和增量式算法两种。

1. 位置式 PID 控制算法

由于计算机控制是一种采样控制,它只能根据采样时刻的偏差值进行计算。因此上式中的积分和微分不能直接使用,而需要进行离散化处理。现以采样时刻 kT 代替连续时间 t,以求和代替积分,以后向差分代替微分,即

$$\left. \begin{aligned} \int_0^t e(t) \mathrm{d}t &\approx T_0 \sum_{i=0}^k e(i) \\ \frac{\mathrm{d}e(t)}{\mathrm{d}t} &\approx \frac{e(k) - e(k-1)}{T_0} \end{aligned} \right\}$$

式中 T_0 为采样周期。

由此可得位置式 PID 控制算法为

$$u(k) = K_c \Big\{ e(k) + \frac{T_0}{T_I} \sum_{i=0}^k e(i) + \frac{T_D}{T_0} [e(k) - e(k-1)] \Big\}$$

$$u(k) = K_c e(k) + K_I \sum_{i=0}^k e(i) + K_D [e(k) - e(k-1)]$$

式中 $u(k)$ 是第 k 次采样时刻计算机的输出;$K_I = \dfrac{K_c T_0}{T_I}$ 称为积分系数;$K_D = \dfrac{K_c T_D}{T_0}$ 称为微分系数。

位置式算法的特点是数字 PID 控制器的输出 $u(k)$ 直接对应于执行机构的位置(如阀门的开度),而不需要作进一步的转换。其主要缺点是在算法中有一累加项,由于计算机系统累积误差的影响,容易产生较大的误差。另外,由于 $u(k)$ 直接对应于执行机构的实际位置,当计算机系统发生故障时,$u(k)$ 的大幅度变化会引起执行机构位置的大幅度变化,这在实际系统中往往是不能允许的。为了克服以上问题,又产生了增量式算法。

2. 增量式 PID 控制算法

在增量式算法中,控制器的输出 $u(k)$ 是控制量的增量 $\Delta u(k)$:

$$\Delta u(k) = u(k) - u(k-1)$$
$$= K_c \Big\{ [e(k) - e(k-1)] + \frac{T_0}{T_I} e(k) + \frac{T_D}{T_0} [e(k) - 2e(k-1) + e(k-2)] \Big\}$$

或 $\Delta u(k) = K_c [e(k) - e(k-1)] + K_I e(k) + K_D [e(k) - 2e(k-1) + (k-2)]$

式中 K_I、K_D 的含义与位置式算法相同。

采用增量式算法,计算机输出的控制增量 $\Delta u(k)$ 对应的是本次采样时刻执行机构位置的增量。对应执行机构实际位置的控制量 $u(k)$,可以采用有积累作用的执行机构(如步

进电动机）来实现，而更多的是利用算式 $u(k) = u(k-1) + \Delta u(k)$ 来计算。由此可见，就整个系统而言，位置式算法和增量式算法之间并没有本质差别。

增量式算法虽然只是在算法上作了一点改进，却带来了不少优点。控制量的增量只与最近几次采样时刻的误差值有关，而不再需要计算累加项，从而避免了累积误差；计算机输出的是控制增量，所以当计算机系统发生故障时产生误动作的影响较小，必要时可以通过逻辑判断来限制或者取消本次输出，而不会对系统产生重大的影响。

但是增量式算法也有其不足之处：积分截断效应较位置式大，有静态误差；溢出的影响大。因此，在选择算法时不能一概而论。一般认为，在以可控硅作为执行器或在控制精度要求高的系统中，可采用位置式算法，而在以步进电动机或电动阀门作为执行器的系统中，则多选用增量式算法。

在上述的位置式和增量式算法中，比例、积分和微分作用相互独立，互不相关，这就便于人们分别调整和检查各参数（K_c、K_I 和 K_D）对控制效果的影响。通常，为了编程方便，人们往往更愿意采用简单的控制算式。我们可以将增量式算法改写为：

$$\Delta u(k) = Ae(k) - Be(k-1) + Ce(k-2)$$

式中 $A = K_c + K_I + K_D$，$B = K_c + 2K_D$，$C = K_D$ 三个动态参数为中间变量。上式已经看不出比例、积分和微分作用，它只反映各采样时刻的偏差值对控制作用的影响。为此，也称为偏差系数控制算式。

二、数字 PID 控制算法的改进

在计算机控制系统中，PID 控制规律是用计算机程序实现的，因此它的灵活性很大。一些原来在模拟 PID 控制器中无法实现的问题，在引入计算机以后，就可以得到解决，于是出现了一系列的改进算法。

1. 积分分离 PID 控制算法

在普通的 PID 数字控制器中引入积分环节的目的，主要是为了消除静态误差、提高精度。但是在受控对象的启动或大幅度增减设定值的时候，短时间内系统输出有很大的误差，会造成 PID 运算中的积分部分有很大的输出，甚至可能造成数据溢出，以致算得的控制量超过执行机构可能的最大动作范围所对应的极限控制量，最终引起系统较大的超调，甚至引起系统的振荡。引进积分分离 PID 控制算法，就能够既保持了积分作用，又减小了超调量，使得控制性能有了较大的改善。其具体的实现如下：

（1）根据实际情况，设定一阈值 $\varepsilon > 0$；

（2）当 $|e(k)| > \varepsilon$ 时，也就是当 $|e(k)|$ 比较大时，切除积分环节，改用 PD 控制，这样可以避免过大的超调，又能使系统有较快的响应；

（3）当 $|e(k)| \leqslant \varepsilon$ 时，也就是当 $|e(k)|$ 比较小时，加入积分环节，成为 PID 控制，保证系统的控制精度。

积分分离 PID 控制算法（位置式算法）为：

$$u(k) = K_c e(k) + \beta K_I \sum_{i=0}^{k} e(i) + K_D[e(k) - e(k-1)]$$

其中

$$\beta = \begin{cases} 1 & |e(k)| \leqslant \varepsilon \\ 0 & |e(k)| > \varepsilon \end{cases}$$

从上式可见，积分分离 PID 控制算法，只是在常规 PID 控制算法的积分项前乘一个系数 β，以此来控制积分作用是否有效。

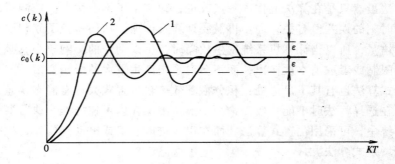

图 5.12　普通 PID 与积分分离 PID 控制算法的控制效果对比

1—普通 PID；2—积分分离 PID

采用积分分离 PID 控制算法以后，控制效果如图 5.12 所示。由图可见，采用积分分离 PID 控制算法使得控制系统的性能有了较大的改善。

2．遇限削弱积分 PID 控制算法

积分分离 PID 控制算法在开始时不积分，而遇限削弱积分 PID 控制算法则正好与之相反，一开始进行积分，进入限制范围后则停止积分。遇限削弱积分 PID 控制算法的基本思想是，当控制进入饱和区以后，便不再进行积分项的累加，而只执行削弱积分的运算。因而，在计算 $u(k)$ 时，先判断 $u(k-1)$ 是否已经超过限制值。若 $u(k-1) > u_{max}$，则只累加负偏差；若 $u(k-1) < -u_{max}$，则只累加正偏差。这种算法可以在保证积分作用的同时，避免控制量长时间停留在饱和区。

3．梯形积分 PID 控制算法

在 PID 控制器中，积分项的作用是消除残差。为了减少残差，应当提高积分项的精度。为此，可将一般 PID 控制算法中的矩形积分算法改为梯形积分算法，如图 5.13 所示。梯形积分的计算式为

$$\int_0^t e(t)\mathrm{d}t = \frac{T_0}{2}\sum_{k=0}^n [e(k) + e(k-1)]$$

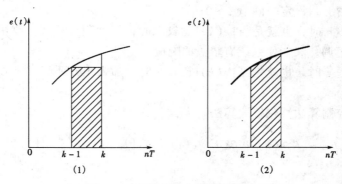

图 5.13　矩形积分与梯形积分的比较

(1) 矩形积分；(2) 梯形积分

式中 T_0 为采样周期。

由上式和图中可以看出，采用梯形积分后，所增加的计算量很小，但是积分精度有明显得改善。

4. 不完全微分 PID 控制算法

微分环节的引入，改善了系统的动态特性，但是对于干扰特别敏感。数字 PID 控制算法中的微分项为

$$u_D(k) = K_D[e(k) - e(k-1)]$$

当 $e(k)$ 为单位阶跃函数时，$u_D(k)$ 的输出为

$$u_D(0) = K_D, u_D(1) = u_D(2) = \cdots = 0$$

即仅第一个采样周期有输出，其幅值为 K_D，以后均为零。该输出的特点是：

（1）微分项的输出仅在第一个采样周期起作用，对于时间常数较大的系统，其调节作用很小，难以起到超前控制误差的作用；

（2）u_D 的幅值 K_D 一般比较大，容易造成计算机中数据溢出；此外，u_D 过大、过快的变化，将使执行机构难以做出相应的反应。

克服上述缺点的方法之一是在 PID 控制算法中加入一个一阶惯性环节 $G_f(s) = 1/[1 + T_f(s)]$，如图 5.14 所示，即可构成不完全微分 PID 控制。其中（a）是将一阶惯性环节直接加在微分环节上，（b）是将一阶惯性环节加在整个 PID 控制器之后。

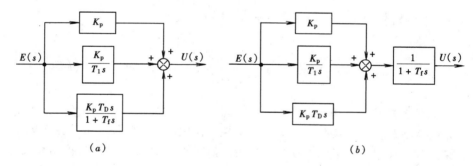

图 5.14 不完全微分 PID 控制

图 5.15 为普通 PID 控制与不完全微分 PID 控制的阶跃响应比较。从图中可以看出，引入不完全微分以后，微分输出在第一个采样周期内的脉冲幅度下降，此后又按 $e^{at}u_D(0)$ 的规律（$a < 0$）逐渐衰减。所以不完全微分能有效地克服普通 PID 控制的不足，具有较理想的控制特性。尽管不完全微分 PID 控制算法比普通 PID 控制算法要复杂一些，但由于其良好的控制性能，得到了越来越广泛的应用。

5. 微分先行 PID 控制算法

微分先行 PID 控制算法的结构如图 5.16 所示，其特点是只对输出量 $y(t)$ 进行微分，而对给定值 $r(t)$ 不作微分。这样，在改变给定值时，输出不会发生突变，而被调量的变化，通常总是比较缓慢的。这种输出量先行微分控制适合于给定值频繁变化的场合，可以避免给定值变化时可能引起的系统振荡，明显地改善了系统的动态特性。

微分先行的 PID 控制算式（增量式算法）为

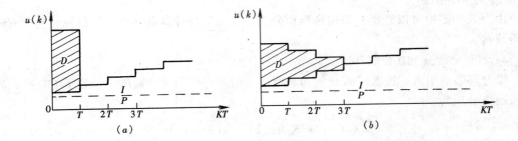

图 5.15 PID 控制输出的比较

(a) 普通 PID; (b) 不完全微分 PID

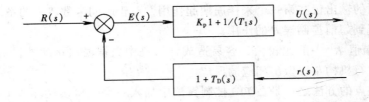

图 5.16 微分先行 PID 控制方框图

$$\Delta u(k) = K_P\Big\{[e(k) - e(k-1)] + \frac{T_0}{T_I}e(k)$$

$$- \frac{T_D}{T_0}[y(k) - 2y(k-1) + y(k-2)] - \frac{T_D}{T_I}[y(k) - y(k-1)]\Big\}$$

6. 带死区的 PID 控制算法

在计算机控制系统中，某些系统为了避免控制作用的过于频繁，消除由于频繁动作所引起的振荡，可以采用带死区的 PID 控制算法，如图 5.17 所示。相应的控制算式为

$$e'(k) = \begin{cases} 0 & |e(k)| \leqslant |e_0| \\ e(k) & |e(k)| > |e_0| \end{cases}$$

式中，死区 e_0 是一个可调的参数，其具体数值可根据实际控制对象由实验确定。如果 e_0 太小，将使控制动作过于频繁，达不到稳定被控对象的目的；若 e_0 过大，则系统将产生较大的滞后。带死区的 PID 控制系统实际上是一个非线性系统。即当 $|e(k)| \leqslant |e_0|$ 时，数字控制器的输出为零；当 $|e(k)| > |e_0|$ 时，数字控制器有 PID 控制输出。

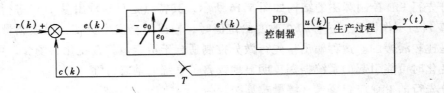

图 5.17 带死区的 PID 控制系统框图

另外，从数字 PID 算法中的增量式算法中，我们知道其中的积分项为

$$\Delta u(k) = K_c \frac{T_0}{T_I} e(k)$$

由于计算机字长的限制，当运算结果小于计算机能够表示的最小的数（即字长的精度 ε）时，计算机就将它作为"零"而丢弃。由上式可知，当计算机运算字长较短、采样周期 T_0 也较短、而积分时间又较长时，$\Delta u(k)$ 容易出现因计算结果小于字长的精度而将其丢弃。这时控制器失去积分作用，从无差系统变成有差系统，降低了控制品质。这种现象称为积分不灵敏区。积分不灵敏区是数字控制器特有的现象。

为了消除积分不灵敏区，通常采用以下措施：

（1）增加计算字长，同时增加 A/D 转换器的字长，这样可以提高运算精度，减少出现积分不灵敏区的机会。即使出现，也可以减小对控制精度的影响。

（2）在积分运算部分采用双倍字长，当运算结果小于精度 ε 时，不是将其丢弃，而是将它们累加起来。在累加结果大于 ε 时，将其作为积分结果输出，同时调整累加器的值。

第七节　数字控制器参数的工程整定

数字 PID 控制器的主要参数是 K_P、T_I、T_D 和采样周期 T_0。系统设计的任务是选取适当的 PID 控制器参数，使得整个系统具有满意的动态特性，并且满足稳态误差的要求。

一、采样周期的选择

在采样控制系统中，采样周期是需要精心选择的重要参数，系统的性能与采样周期的选择有密切的关系。采样周期选择得越小，采样控制系统的性能就越接近连续控制系统的性能。但是，采样周期的选择是受多方面因素制约的，主要应考虑以下各因素：

1. 香农采样定理给出了采样周期的上限。只有满足这一定理，采样信号才能够恢复或近似地恢复为原模拟信号，而不丢失主要信息。在这个限制范围内，采样周期越短，系统越接近连续控制。

2. 从闭环系统对给定值得跟踪考虑，要求采样周期要短。这样，给定值的改变可以迅速地通过采样得到反映，而不致在跟踪时产生大的时延。控制系统对给定值的响应，是系统首要的功能。要响应得快，系统必须有足够的带宽，采样频率必须比系统带宽高得多。有人提出，采样频率要比系统带宽高十倍；还有人建议，采样周期应选为系统期望的上升时间的十分之一。

采样周期还可以根据受控对象的时间常数来选取。选择采样周期比受控对象传递函数中的任何一个时间常数都要小得多。

3. 从抑制扰动的要求来说，采样周期应选择得短一些。扰动可以看做是控制系统的另一类输入信号，而且其周期要比系统的正常波动周期短得多。根据香农采样定理，控制系统的采样频率必须比扰动信号中的最高频率要高两倍以上，才能检测到扰动并使扰动得到抑制。这一点对于直接测量扰动信号的前馈控制系统和前馈—反馈控制系统尤为重要。

4. 从执行机构的要求来考虑，希望采样周期不能太短。因为执行机构多为机械设备，完成其动作需要一定的时间，如果采样周期过短，执行机构根据上一周期的指令动作尚未

结束，下一周期的指令已经到来，执行机构就不能按预期的调节规律动作。

5. 从计算机计算精度考虑，要求采样周期不能太短。实际控制用计算机的字长有限，且一般为定点运算。如果采样周期过短，被调量的两次相邻采样值的差值会很小，甚至可能因为计算机精度不够而反映不出来，使得控制作用因此减弱。在 PID 控制算法中，如果采样周期选择过小，将使得积分系数 $K_I = \dfrac{K_c T_0}{T_I}$ 很小。由于受系统字长限制，可能使得积分系数的有效数字位数不能满足计算精度要求。另外，如前所述，当误差小到一定限度以内时，增量算法中的积分项 $K_I e(k)$ 可能受计算精度的限制而始终为零，控制算法失去积分作用，从而使得系统成为有差系统。

6. 从系统成本上考虑，总是希望采样周期越长越好。采样周期越长，意味着可以用于计算的时间越长。对于给定的控制功能，就可以采用速度较低的计算机；而对于选定的计算机，则可以实现更多和更复杂的控制功能，或者可以控制更多的对象。对于 A/D 转换器等硬件，延长采样周期意味着降低对转换速度的要求，同样可以降低成本。

综合以上因素，在选择采样周期时，应该是在满足控制系统性能要求的前提下，尽可能地选择较长的采样周期。由于在楼宇自动化系统中，大部分受控对象的传递函数为一阶惯性环节加滞后，因此在选择采样周期时还应考虑受控对象的时间常数 T 和滞后时间 τ。通常，当 $\tau < 0.5T$ 时，可选择采样周期 $T_0 = (0.1 \sim 0.2)T$；当 $\tau \geq 0.5T$ 时，可选择采样周期 $T_0 \approx \tau$。

二、PID 控制参数的整定

与模拟 PID 控制器的参数整定相同，数字 PID 控制器的参数整定就是要确定控制算式中的 K_c、T_I 和 T_D 的值，使得系统的控制品质满足使用要求。与模拟控制器不同的是，在整定数字 PID 控制器参数的时候，必须考虑采样周期 T_0 的影响。这是因为采样系统的控制品质不仅取决于受控对象的动态特性和控制器的各个参数，而且与采样周期的长短直接相关。

数字 PID 控制器的参数整定可以分为基于连续 PID 控制和基于控制度两种方法。

1. 基于连续 PID 控制的数字 PID 控制器参数整定

当受控对象的时间常数 T 较小时，在正确选择采样周期的前提下，可以直接应用模拟 PID 控制器的参数整定方法来整定数字 PID 控制器的参数。其中，稳定边界法和衰减曲线法与连续系统的情况完全相同，而根据受控对象阶跃响应的动态特性法则要作一些修正。

当利用动态特性法来整定数字 PID 控制器参数时，考虑到采样控制系统中的零阶保持器有相当于半个采样周期的时延，首先应采用等效滞后时间来代替纯滞后时间：

$$\tau_e = \tau + \frac{T_0}{2}$$

即等效滞后时间等于纯滞后时间加上采样周期的一半，然后：

（1）当 $\tau_e / T < 0.2$ 时，可以根据 Z – N 法或按误差积分控制（表 2.2）来整定控制器参数；

（2）当 $0.2 \leqslant \tau_e / T \leqslant 1.5$ 时，如果采用 Z – N 法，则应根据表 5.2 来整定数字 PID 控制器的参数。

	δ	T_I	T_D
P	$2.6K\dfrac{\dfrac{\tau_e}{T}-0.08}{\dfrac{\tau_e}{T}+0.7}$	—	—
PI	$2.6K\dfrac{\dfrac{\tau_e}{T}-0.08}{\dfrac{\tau_e}{T}+0.6}$	$0.8T$	—
PID	$2.6K\dfrac{\dfrac{\tau_e}{T}-0.15}{\dfrac{\tau_e}{T}+0.88}$	$0.81T+0.19\tau_e$	$0.25T_I$

2. 基于控制度的数字控制器 PID 参数整定

控制度就是以模拟控制器为基础,定量衡量数字控制器与模拟控制器在相同条件下对同一对象的控制效果。控制效果的评价通常采用 $\min\int_0^\infty e^2(t)\mathrm{d}t$(最小平方误差积分),那么

$$\text{控制度} \overset{\text{def}}{=} \frac{\left[\min\int_0^\infty e^2(t)\mathrm{d}t\right]_{\text{DDC}}}{\left[\min\int_0^\infty e^2(t)\mathrm{d}t\right]_{\text{ANA}}} = \frac{\min(ISE)_{\text{DDC}}}{\min(ISE)_{\text{ANA}}}$$

式中的下标 DDC 和 ANA 分别表示直接数字控制和模拟控制。

如前所述,采样周期 T_0 的长短会直接影响系统的控制品质。同样是最佳整定,采样系统的控制品质要低于模拟系统的控制品质,即控制度恒大于 1。且控制度越大,相应的控制品质就越差。如控制度为 1.05 时,表示采样系统与模拟系统的控制效果相当,而控制度 2.00 表明采样系统的控制效果比模拟控制差一倍(即误差积分 ISE 大一倍)。从提高采样系统的控制品质出发,控制度可选得小一些,但从系统的稳定性出发,控制度宜选大些。

基于控制度的数字控制器 PID 参数整定又分为扩充临界比例带法和扩充响应曲线法两种。

(1) 扩充临界比例带法

扩充临界比例带法是一种基于系统临界振荡参数的闭环整定方法。这种方法实质上是整定模拟控制器时采用的稳定边界法的推广,用来整定数字 PID 控制器中的 T_0、K_c、T_I 和 T_D 等参数。具体步骤如下:

1)选择一个足够短的采样周期 T_{0min}。一般而言,T_{0min} 应小于受控对象纯滞后时间的 1/10;

2)令采样系统为纯比例控制,逐渐加大比例系数 K_c,直到系统出现等幅振荡为止。此时的比例系数为临界比例系数 K_{cr},振荡周期为临界振荡周期 T_{cr};

3)根据实际需要选择控制度;

4)根据所选的控制度,查表 5.3 并计算 T_0、K_c、T_I 和 T_D 值;

5)按求得的参数整定数字控制器并将系统投入运行,同时观察控制效果。如果系统稳定性差,可适当增大控制度,重新计算参数,直到获得满意的控制效果。

控制度	调节规律	T_0/T_{cr}	K_c/K_{cr}	T_I/T_{cr}	T_D/T_{cr}
1.05	PI	0.03	0.55	0.88	–
	PID	0.014	0.63	0.49	0.14
1.20	PI	0.05	0.49	0.91	–
	PID	0.043	0.47	0.47	0.16
1.50	PI	0.14	0.42	0.99	–
	PID	0.09	0.34	0.43	0.20
2.00	PI	0.22	0.36	1.05	–
	PID	0.16	0.27	0.40	0.22
模拟调节器	PI	–	0.57	0.83	
	PID		0.70	0.50	0.13

（2）扩充响应曲线法

由于楼宇自动化系统中的大部分受控对象的时间常数都比采样周期大得多，因而可以将模拟控制器动态特性参数整定的方法推广应用来整定数字 PID 控制器的参数。只要用一个纯滞后环节来等效采样系统中的采样—保持器，并引入等效滞后时间（如前述）的概念，那么所有基于受控对象阶跃响应曲线的模拟控制器参数整定公式，都可以直接用来计算数字 PID 控制算法中 K_c、T_I 和 T_D 的值。只是公式中的滞后时间 τ 要用等效滞后时间 τ_e 代替。

扩充响应曲线法是一种开环整定方法，与模拟控制器的动态特性参数法类似，事先测得广义对象的阶跃响应曲线，并以一阶惯性环节加纯滞后近似，从而得到 τ 和 T 的值。最后根据 τ、T 和 T/τ 的值，查表 5.4 并计算得到数字 PID 控制算式的 T_0、K_c、T_I 和 T_D。

控制度	调节规律	T_0/τ	$KK_c/(T/\tau)$	T_I/τ	T_D/τ
1.05	PI	0.10	0.84	3.40	—
	PID	0.05	1.15	2.00	0.45
1.20	PI	0.20	0.73	3.60	—
	PID	0.16	1.00	1.90	0.55
1.50	PI	0.50	0.68	3.90	—
	PID	0.34	0.85	1.62	0.65
2.00	PI	0.80	0.57	4.20	—
	PID	0.60	0.60	1.50	0.82
模拟调节器	PI	—	0.90	3.30	
	PID		1.20	2.00	0.40

基于控制度的 PID 参数整定方法与基于连续控制的 PID 参数整定方法相比较，其主要优点是可以在根据控制品质的要求，在确定数字控制器参数的同时，确定采样周期 T_0。

【例 5.5】 设一采样控制系统如下图所示，控制度选取 1.2。试求：PID 控制器的整定参数。

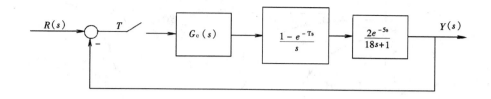

【解】 从图中可知 $T = 18$，$K = 2$，$\tau = 5$，控制度要求为1.2，则由表5.4可得采样周期

$$T_0 = 0.16\tau = 0.16 \times 5 = 0.8$$

因

$$\frac{T}{\tau} = \frac{18}{5} = 3.6$$

故

$$K = \frac{1.00 \times \dfrac{T}{\tau}}{K_c} = \frac{1.00 \times 3.6}{2} = 1.8$$

$$T_L = 1.90\tau = 1.90 \times 5 = 9.5$$

$$T_D = 0.55\tau = 0.55 \times 5 = 2.75$$

以上关于系统采样周期选取，以及采样周期对系统控制品质影响的讨论，都是基于DDC系统的。在DDC系统中，传感器、执行器和控制器直接连接并相互传递信息，是一种点对点的通信方式。当系统中设备较少时，采样这种方式是合适的。

但是，当系统中设备较多时，由于受到通讯端口数量和布线等方面的限制，往往会将传感器、执行器和控制器等连接到一个公共的通信网络（又称为现场总线，见第八章），通过网络来相互传递数据。这种控制系统有时也称为网络控制系统（Networked Control Systems）。在这种情况下，采样周期与控制品质之间的关系将与DDC系统不同。

图5.18分别列出了在同等条件下，连续控制系统、DDC系统和网络控制系统的采样周期与控制品质之间的关系。

从图中可以看出，连续控制系统的控制品质是三种控制系统中最好的，而且与采样周期无关。应当指出，连续控制系统实际上并不存在采样周期，在图中列出只是为了进行对比。

对于DDC系统而言，随着采样周期的缩短，控制品质不断得到改善并逐渐趋近于连续控制系统，但始终不能达到连续控制系统的水平，这与我们在关于控制度的讨论中的结论相一致。

网络控制系统的曲线则呈现出明显的马鞍型。我们知道，随着采样周期的缩短，单位时间内需要传送的数据将会成线性增加。当采样周期开始缩短时，尽管网络的数据流量有所增加，但还是在网络带宽的承受范围之内，因此随着采样周期的缩短，控制品质得到了一定的改善。但是，随着采样周期的进一步缩短，网络的数据流量会不断增加，超过一定限度后，网络出现拥塞现象，许多数据包由于发生碰撞而不得不在延迟一段时间以后重新发送。这种情况实际上就相当于增加了整个系统的滞后时间，而我们知道，系统滞后时间的增加，将导致控制品质的变坏。另外，当网络出现拥塞现象以后，数据包的丢失也会增

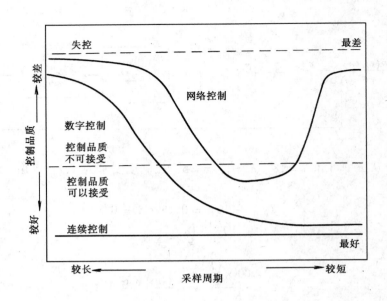

图 5.18　采样周期与系统控制品质的关系

多，这将使得系统的控制品质进一步变坏。

因此，在网络控制系统中，将不再是采样周期越短，控制品质就越好，而是存在一个采样周期的最佳值。这个最佳值将由网络拓扑形式、网络带宽、网络协议、节点数量和数据量等因素决定。

第六章　接　口　技　术

接口电路是沟通计算机系统与外围设备之间信息交换的桥梁，是计算机系统的输入/输出通道。外围设备之所以不能直接与计算机相连接，是由于它们之间有许多不匹配的地方。

1. 速度不匹配。计算机的速度很快，而外围设备的速度尽管有高速、中速和低速之分，与计算机相比还是较慢；

2. 数据格式不匹配。计算机大多以字节为单位并行传送数据，而外围设备大部分是模拟设备，数字设备的字长也不统一，可能是 8 位、10 位或者 12 位等等，有些还要求串行传送。

3. 信号规格不匹配。计算机的信号电平现在多为 TTL 标准，而外围设备则有电子、机械和电磁等多种形式。即使是电子设备，信号也可能与计算机系统不同。

为了解决这些不匹配问题，需要输入/输出接口电路具有以下功能：

1. 转换数据格式，如模/数转换、数/模转换、串/并行转换和字/字节转换等；

2. 转换信号规格，如电平转换等；

3. 转换数据速率，如数据缓冲、存储—转发等。

在这些功能中，串/并行转换和字/字节转换通常用软件完成，而模/数转换、数/模转换以及电平转换等则由专用集成电路完成。

以下主要讨论计算机系统的模拟量输出通道、模拟量输入通道以及数字量输入/输出通道的构成及工作原理。

第一节　模拟量输出通道

模拟量输出通道在计算机控制系统中用于将控制量转换成模拟量去控制被控对象。由于计算机输出的控制量是离散的数字信号，因此模拟量输出通道需要完成离散数字信号到连续模拟信号的转换。这样，模拟量输出通道需要具有两种功能：1）转换，即将数字信号转换成模拟信号；2）保持，即将离散信号转换成连续信号。其工作过程如图 6.1 所示。

一、数字/模拟（D/A）转换器工作原理

D/A 转换器的工作原理框图如图 6.2 所示。它主要由四部分组成：基准电压 V_{REF}、R—$2R$ 权电阻网络、位切换开关

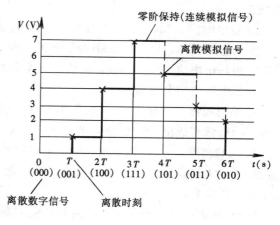

图 6.1　模拟量输出通道的作用

123

BS_i（$i = 0$，1，$\cdots$，$n-1$）和运算放大器 A。D/A 转换器输入的二进制数从低位到高位（$D_0 \sim D_{n-1}$）分别控制对应的位切换开关（$BS_0 \sim BS_{n-1}$），它们通过 R—$2R$ 权电阻网络，在各 $2R$ 支路产生与二进制各位的权成比例的电流，再经运算放大器 A 相加，并按比例转换成模拟 V_{OUT} 输出。D/A 转换器的输出与输入二进制数 $D_0 \sim D_{n-1}$ 的关系式：

$$V_{OUT} = -\frac{V_{REF}}{2^n}(D_0 2^0 + D_1 2^1 + \cdots + D_{n-1} 2^{n-1})$$

其中，$D_i = 0$ 或 1（$i = 0$，1，$\cdots$，$n-1$）；n 表示 D/A 转换器的位数。

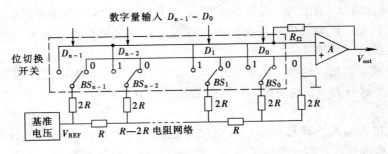

图 6.2　D/A 转换器工作原理框图

另外，如果在 D/A 转换器的输入端与计算机数据总线之间接入一锁存器（flip - latch），使得在两个采样周期之间 D/A 转换器的输入数据不致发生变化，则 D/A 转换器在完成将数字信号转换成模拟信号的同时，也起到了零阶保持器的作用，将离散信号转换为连续信号。

二、D/A 转换器的性能指标

D/A 转换器的品种很多，选用之前，必须了解它的性能指标。D/A 转换器的主要性能指标如下：

1. 分辨率。D/A 转换器的分辨率定义为基准电压与（$2^n - 1$）的比值，其中 n 为 D/A 转换器的位数，常见的有 4 位、8 位、10 位、12 位、16 位等。当基准电压为 5V 时，8 位 D/A 转换器的分辨率为 19.6mV，12 位的为 1.22mV，而 16 位的为 76.3μV。实际上，分辨率就是与输入二进制数最低有效位 LSB（Least Significant Bit）相对应的输出模拟电压，简称 1LSB。

2. 稳定时间。输入二进制数从零变化瞬间到最大值（即从全 "0" 变化到全 "1"）后，输出达到离稳态值 ±1/2LSB 时所需的时间。对于输出是电流信号的 D/A 转换器而言，稳定时间是很快的，约几微秒。而输出是电压信号的 D/A 转换器，其稳定时间主要取决于运算放大器的响应时间。

3. 绝对精度。指输入为全 "1" 时，D/A 转换器的实际输出值与理论值之间的偏差。该偏差用最低有效位 LSB 的分数来表示，如 ±1/2LSB 或 ±1LSB。

4. 相对精度。在全 "1" 输入时的输出信号已经校准的前提下，对应于任一输入信号（数值），D/A 转换器实际输出值与理论输出值之间的最大偏差。该偏差也用最低有效位 LSB 的分数来表示。

5. 线性误差。理想的 D/A 转换器的输入-输出特性应该是线性的。在整个有效输入信号范围内，偏离理想转换特性的最大误差称为线性误差。线性误差同样用最低有效位 LSB

的分数来表示。

三、D/A 转换器接口的隔离

由于 D/A 转换器的输出直接与执行机构相连，容易通过公共地线引入干扰，一旦执行机构发生故障时也容易危及计算机系统，因此必须采取隔离措施。常用的隔离措施为光电耦合器，使得两者之间只有光的联系，而没有电信号的联系。光电耦合器是由发光二极管和光敏三极管封装在同一管壳内组成的。发光二极管的输入和光敏三极管的输出具有类似普通晶体三极管的输入-输出特性。利用光电耦合器的线性区，可以将 D/A 转换器的输出电压经过光电耦合器变换成输出电流信号，这样就实现了输出信号的隔离。图 6.3 为三种光电耦合器的结构示意图，其中（a）、（b）通常作为传感器使用，而（c）则常用于信号的隔离。

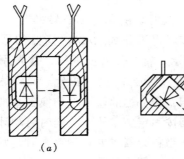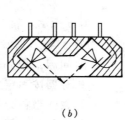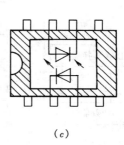

（a）　　　　　　　　（b）　　　　　　　　（c）

图 6.3　光电耦合器结构示意

光电耦合器的接入位置，可以是在 D/A 转换器与执行机构之间，也可以是在数据总线与 D/A 转换器之间。前一种情况光电耦合器工作在线性状态，隔离的是模拟信号；后一种情况工作在开关状态，隔离的是数字信号。这两种隔离方法各有优缺点。模拟信号隔离方法的优点是只使用少量的光电耦合器，成本低；缺点是调试困难，如果光电耦合器输入-输出特性的线性不好，将会影响 D/A 转换的精度和线性。数字信号隔离的优点是调试简单，不影响 D/A 转换的精度和线性；缺点是要使用较多的光电耦合器，成本较高，而且当有少数光电耦合器，特别是低位数据线上的光电耦合器损坏时不易察觉，从而影响 D/A 转换的精度。

第二节　模 拟 量 输 入 通 道

模拟量输入通道的作用是将检测装置从被控对象中检测到的模拟信号转变成二进制数字信号送进计算机。要完成这样的功能，同样需要两种功能：1）采样，即将连续的模拟信号转换成离散的模拟信号；2）转换，即将离散的模拟信号转换为离散数字信号。典型模拟量输入通道的工作过程如图 6.4 所示。

一、模拟/数字（A/D）转换器工作原理

A/D 转换的方法很多，常用的有以下四种：

1. 计数比较型 A/D 转换器

这是一种最简单和最便宜的转换方式。它用一个 D/A 转换器，在计数器的控制下，使 D/A 转换器输出一个与计数值成比例的阶梯形上升电压，通过比较器与输入电压比较，

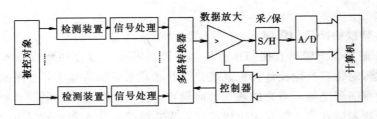

图 6.4　模拟量输入通道

在预定精度下，当输入电压与比较电压相等时，比较器输出一个信号停止计数器计数，此时计数器所计的数值就是转换的结果。计数比较型 A/D 转换器的原理如图 6.5 所示。这种转换方法的主要缺点是转换时间随输入信号的大小而变化。输入信号越大，所需要的转换时间越长。

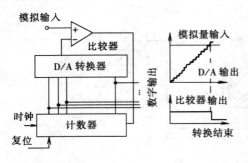

图 6.5　计数比较型 A/D 转换器

2. 双斜率积分式 A/D 转换器

双斜率积分式 A/D 转换器的原理图如图 6.6 所示。转换分两步进行，首先用固定时间 T_0 对输入信号 V_x 进行积分。当到达预定积分时间后，积分器的输入端切换到基准电压，使积分器按固定斜率放电，同时启动计数器开始计数。当积分器放电到零电平时，鉴零比较器输出信号，停止计数器计数。这时计数器所记的数值就是转换的结果。由于这种转换方式所转换的是输入电压 V_x 在固定积分时间 T_0 内的平均值，因此这种转换方式的优点是抗交流电源干扰的能力强，特别是当固定积分时间是工频的整倍数时，效果更加明显。但是转换速度比较慢。

3. 逐次逼近式 A/D 转换器

逐次逼近式 A/D 转换器的工作原理如图 6.7 所示。逐位逼近比较器 SAR（Successive Approximate Register）输出的二进制编码送至 D/A 转换器，D/A 转换器的输出电压 V_o 与模拟量输入电压 V_{in} 经比较器进行比较后，再控制 SAR 的数字逼近。逐次逼近式 A/D 转换器采用类似天平称重的原理，从 SAR 的最高位开始逐位进行比较并确定

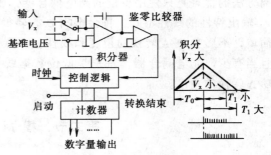

图 6.6　双斜率积分式 A/D 转换器

数码是取"1"还是取"0"，比较完毕后就将 SAR 的状态送到数字量输出锁存器。

逐次逼近式 A/D 转换器的核心部分是 SAR 和 D/A。图 6.8 是理想的 2 位逐次逼近式 A/D 转换器示意图。该图中 D/A 转换的输出电压 V_o 的大小取决于正、负基准电压源（V_{REF+}、V_{REF-}）和开关树中各位权开关 S_{ij} 的状态，权开关的通、断又取决于 SAR 各位的状态。

根据上述逐次逼近式 A/D 转换器的原理，n 位 A/D 转换器输出的二进制数字量 B 与输入模拟电压 V_{in}、基准电压之间的关系为

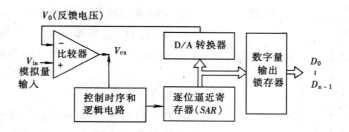

图 6.7　逐次逼近式 A/D 转换器

$$B = \frac{V_{in} - V_{REF-}}{V_{REF+} - V_{REF-}} \times 2^n$$

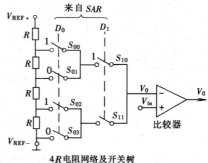

图 6.8　理想的 2 位逐次逼近
式 A/D 转换器示意图

逐次逼近式 A/D 转换器的优点是精度较高，转换速度也较快，而且转换时间固定，与输入信号的大小无关。因此，逐次逼近式 A/D 转换器是使用较为广泛的 A/D 转换器。

4．并行 A/D 转换器

上述逐次逼近式 A/D 转换器，如果转换位数是 n 位，则必须转换 n 次。而并行 A/D 转换器只需要一次比较就可以完成转换，因此它是一种快速转换器。图 6.9 是一个三位并行 A/D 转换器的原理图。它通过分压电阻产生 $2^3 - 1 = 7$ 级基准电压，将输入电压 V_{in} 与这些基准电压在七个比较器上同时进行比较，比较器输出 $A_1 \sim A_7$ 的状态与应产生的二进制编码可列出真值表如表 6.1。从真值表可得到二进制数码各位输出与比较器状态的关系如下：

$$2^2 = A_4$$
$$2^1 = A_6 + A_2\overline{A_4}$$
$$2^0 = A_7 + A_5\overline{A_6} + A_3\overline{A_4} + A_1\overline{A_2}$$

图 6.9 中的组合逻辑由上面三个式子构成。这种转换器的转换速度最高，转换时间只受比较器和组合逻辑电路延时的限制。

并　行　转　换　表　　　　　　　　　　　　　　　表 6.1

A_7	A_6	A_5	A_4	A_3	A_2	A_1	2^2	2^1	2^0
0	0	0	0	0	0	0	0	0	0
0	0	0	0	0	0	1	0	0	1
0	0	0	0	0	1	1	0	1	0
0	0	0	0	1	1	1	0	1	1
0	0	0	1	1	1	1	1	0	0
0	0	1	1	1	1	1	1	0	1
0	1	1	1	1	1	1	1	1	0
1	1	1	1	1	1	1	1	1	1

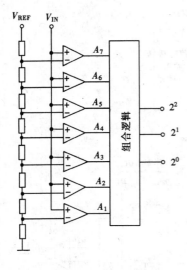

图 6.9 并行 A/D 转换器

二、A/D 转换器的性能指标

A/D 转换器的性能指标的定义，类似于 D/A 转换器，如分辨率、线性误差、转换时间和电源电压灵敏度等。

1. 分辨率

分辨率表示引起输出从一个数码增加（或减少）到下一个相邻数码的最小输入变化量。它可以用位数 n 或基准电压 V_{REF} 的 $1/2^n$ 来定义。

2. 线性误差

在 A/D 转换时，对应一个数字量，其模拟量的输入不是固定的，而是一个范围，这个范围就是最低有效位 LSB。一个三位 A/D 转换器的理想转换曲线如图 6.10 中实线所示。如果实际转换曲线为虚线，那么偏离理想曲线的大小即为线性误差，用 LSB 的分数表示。

3. 转换时间

完成一次 A/D 转换所需的时间即为转换时间。一般逐次逼近式 A/D 转换器的转换时间为微秒级，双斜率积分式 A/D 转换器的转换时间为毫秒级。转换时间有时也用转换率表示，其定义是转换时间的倒数，即单位时间的转换次数。

4. 电源电压灵敏度

A/D 转换器基准电压的波动，相当于引入一个模拟量输入的变化，从而产生转换误差。因此电源电压灵敏度用相当的模拟信号输入值的百分数来表示。

三、多路模拟开关

在计算机控制系统中，往往是几路甚至几十路输入信号共用一个 A/D 转换器。因此，经常采用多路模拟开关来轮流切换各路测量信号，构成分时 A/D 转换方式。图 6.11 为由多路模拟开关、前置放大器、采样保持器和 A/D 转换器构成的模拟信号输入端口结构框图。从图中可以看出，各路模拟信号首先经过多路开关切换，再由前置放大器放大并经过采样保持器采样，最后将采样后的信号送到 A/D 转换器进行转换。将 A/D 转换器设置在采样保持器之后，主要是考虑到 A/D 转换器的转换过程需要相当的时间，如果在转换时间内输入信号发生变化，将会影响到转换的精度，以及 A/D 转换器的正常工作。

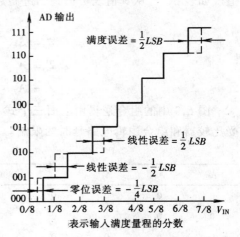

图 6.10 线性误差

四、采样保持器

采样保持器 S/H（Sample and Hold）由输入放大器 A_1、逻辑控制开关 S、保持电容器 C_H 和输出放大器 A_2 构成，如图 6.12 所示。在采样期间，控制开关 S 闭合，输入放大器给保持电容器 C_H 快速充电，输出电压 V_o 跟随输入电压 V_i。在保持期间，开关 S 断开，

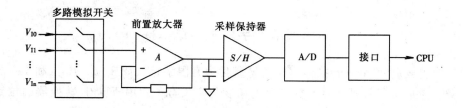

图 6.11　模拟信号输入端口结构框图

由于输出放大器 A_2 的输入阻抗很高，理想情况下电容器 C_H 将保持充电时最终值电压。在采样期间，A/D 转换器并不工作，一旦采样结束，进入保持期间，A/D 转换器才开始工作，从而保证 A/D 转换的模拟输入电压恒定，提高了 A/D 转换的精度。

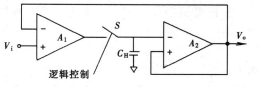

图 6.12　采样保持器原理框图

五、A/D 通道的隔离

因为 A/D 通道的输入直接与检测装置相连，所以容易通过公共地线引入干扰，同时如果检测装置发生故障，也可能危及 A/D 转换器甚至计算机系统。为了避免这些情况，可以使用光电耦合器，使两者之间只有光的联系。

与 D/A 转换器中的情形类似，在 A/D 转换器中，光电耦合器的接入位置可以是在前置放大器和采样保持器之间，也可以是在 A/D 转换器的数字输出端。前者光电耦合器隔离的是模拟信号，而后者隔离的是数字信号。这两种方法的优缺点及其对光电耦合器的要求都与 D/A 转换器类似。

第三节　数字量输入/输出通道

除了模拟量的输入通道和输出通道以外，在计算机控制系统中，还有一些将数字量从外围设备传送给计算机，以及将数字量从计算机传送到外围设备的数字量输入/输出通道。数字量输入通道的主要作用是将数字传感器的测量信号以及被控对象的开关状态信号传送给计算机，而数字量输出通道则将计算机输出的数字控制量送往数字执行机构（如数字式调节阀），以及将开关信号传送给有关的开关器件（如继电器、信号灯等），控制它们的通、断或亮、灭。

同样是为了防止干扰及保证计算机系统的正常工作，数字量输入/输出通道都需要用光电耦合器进行隔离。由于是工作在开关状态下，因此对光电耦合器的线性没有很高的要求。另外，考虑到在一个计算机控制系统中，所需要的数字量输入/输出通道一般都比较多，而计算机系统的输入/输出通道有限，因此数字量输入/输出多采用多路模拟开关，即数字量输入先经过多路模拟开关切换，再经过光电耦合器送入计算机；而数字量输出则先经过光电耦合器，再经过多路模拟开关切换，送到各个不同的外围设备。另外，数字信号在计算机系统内部都是以并行方式传送的，对于那些要求采用串行信号的外围设备，还需要进行串行/并行信号的转换。

第四节　字　长　选　择

计算机首先利用 A/D 转换器将连续量量化为有限字长（如 8 位、10 位和 12 位等）的数字信号，然后进行各种运算。数字量的精度与字长有关。由于 A/D 转换器的位数有限，使得实际的连续量与经变换后的数字量之间存在量化误差。如果量化误差过大，将影响控制精度。因此在计算机控制系统中，必须重视字长的选择。为了讨论如何选取字长，有必要首先分析量化误差及其来源。

一、量化误差

设计算机字长为 C，采用定点无符号位数，则机内数的最小单位

$$q = \frac{1}{2^C - 1} \approx 2^{-C}$$

称为量化单位。

通过 A/D 转换后，可以计算出模拟电压 y 等于多少个量化单位，即

$$y = Lq + \varepsilon$$

式中 L 为整数，对于余数 ε（$\varepsilon < q$）可以用截尾法或舍入法来处理。当计算机内部采用定点数进行运算时，则几乎都采用截尾法来处理余数。

所谓截尾法是指舍去数值中小于 q 的余数 ε（$\varepsilon < q$），其截尾误差 ε_t 为

$$\varepsilon_t = y_t - y$$

式中 y 为实际数值，y_t 为截尾后的数值。显然，$-q < \varepsilon_t \leq 0$。

在计算机控制系统中，数值误差的来源有三个：首先被测参数（模拟量）经 A/D 转换器转换为数字量时产生了第一次量化误差。在运算之前，运算式的参数（如 PID 算式中的 K_c、T_I、T_D 等）必须预先置入预定的内存单元。由于字长有限，对参数可以采用截尾或舍入处理。另外在运算过程中，中间变量也会产生误差。这些都是在 CPU 内产生的第二次量化误差。计算机输出的数字控制量经 D/A 转换器变换为模拟量，在模拟量输出装置内产生了第三次量化误差。由于计算机内部都采用截尾法来处理余数，因此这些量化误差并不能相互抵消。

为了减少量化误差，在条件允许的情况下，应尽量加大字长。由于在计算机控制系统中，计算机内部的字长通常要大于 A/D 和 D/A 转换器的字长，量化误差的大小主要由转换器的字长决定。因此下面主要讨论 A/D 和 D/A 转换器的字长选取。

二、A/D 转换器的字长

为了把量化误差限制在所允许的范围内，应使 A/D 转换器有足够的字长。确定字长要考虑的因素是输入信号 y 的动态范围和分辨率。

1. 输入信号的动态范围

设输入信号的最大值和最小值分别为

$$\left. \begin{array}{l} y_{max} = (2^C - 1)\lambda \\ y_{min} = 2^0 \lambda \end{array} \right\}$$

式中 C 为 A/D 转换器的字长，λ 为转换当量 [V/bit]。则动态范围为

$$\frac{y_{\max}}{y_{\min}} = 2^C - 1$$

因此，A/D 转换器的字长

$$C \geq \log_2\left(1 + \frac{y_{\max}}{y_{\min}}\right)$$

2. 分辨率

有时对 A/D 转换器的字长要求以分辨率形式给出。分辨率定义为

$$D = \frac{1}{2^C - 1}$$

如果所要求的分辨率为 D_0，则字长

$$C \geq \log_2\left(1 + \frac{1}{D_0}\right)$$

如果为了消除积分不灵敏区，在积分运算部分采用了双倍字长，则 A/D 转换器的字长也应当相应增加。

【例 6.1】 已知一温度控制系统的工作温度范围为 $-20 \sim +100℃$，设计控制精度为 $\pm 0.2℃$。求 A/D 转换器的字长。

【解】 据题意，$y_{\max} = 100 - (-20) = 120$，$y_{\min} = 0.2$，

$$\therefore \quad C \geq \log_2\left(1 + \frac{y_{\max}}{y_{\min}}\right) = \log_2\left(1 + \frac{120}{0.2}\right) = \log_2 601 = 9.23$$

考虑到产品系列，取 A/D 转换器字长为 10 位。

三、D/A 转换器的字长

D/A 转换器的输出一般都用于驱动执行机构。设执行机构的最大输入值为 $u_{\max}$，灵敏度为 $u_{\min}$，则 D/A 转换器的字长

$$C \geq \log_2\left(1 + \frac{u_{\max}}{u_{\min}}\right)$$

即 D/A 转换器的输出应满足执行机构动态范围的要求。另外，在一般情况下，D/A 转换器的字长不应大于 A/D 转换器的字长。

在计算机控制系统中，常用的 A/D 和 D/A 转换器的字长为 8 位、10 位和 12 位。在实际选用器件时，应按照上述公式估算出的字长向上取整后，再选用这三种之一。对于特殊的被控对象，可选用更高分辨率（如 14 位或 16 位）的 A/D 和 D/A 转换器。

第七章 抗 干 扰 技 术

所谓干扰，就是指有用信号以外的、造成控制系统不能正常工作的噪声和其他破坏因素。由于楼宇自动控制系统的工作环境恶劣，各种来自外部和内部的干扰十分频繁，如果不加以消除或抑制，将影响控制系统的稳定性和可靠性，并且给系统调试增加难度。干扰是客观存在的，为了消除干扰，就必须研究干扰的来源、传播途径和作用方式，从而得到消除或抑制干扰的各种方法和措施。

第一节 干扰的来源和传播途径

干扰的来源是多方面的。对于控制系统来说，干扰既可能来自外部，也可能来自系统内部。外部干扰与系统结构无关，而是由系统所处的环境因素决定；内部干扰则与系统结构、制造工艺等有关。

外部干扰主要是空间电磁场的影响，包括输电线路和电气设备发出的电磁场，通信广播发射的无线电波，雷电、火花放电、弧光放电和辉光放电等放电现象等。

内部干扰主要由分布电容、分布电感等分布参数所引起的耦合感应，电磁场辐射感应，长线传输的波反射，多点接地造成的电位差以及寄生振荡引起的干扰，另外元器件产生的噪声也属于内部干扰。

尽管外部干扰和内部干扰产生的原因不同，但是它们的传播途径和影响控制系统的机理基本相同，因而消除或抑制它们的方法和措施没有本质区别。

一、干扰传播途径

在控制设备的工作现场往往有许多强电设备，它们的启动和工作过程将产生干扰电磁场，另外还有来自于空间传播的电磁波和雷电的干扰，以及高压输电线周围交变磁场的影响等。干扰的传播途径主要有静电耦合、磁场耦合和公共阻抗耦合等。

1. 静电耦合

静电耦合是电场通过电容耦合途径窜入其他线路的。在两根导线之间会构成电容，印刷电路板上各印刷线路之间，以及变压器各绕组之间也都会构成电容。既然存在分布电容，就可以为频率为 ω 的干扰信号提供阻抗为 $1/j\omega C$ 的通道，使得电场干扰得以窜入。

图 7.1 为两平行导体之间的电容耦合及其等效电路。图中 C_{12} 是导体 1 和导体 2 之间的分布电容的总和，C_{1g} 和 C_{2g} 分别是导体 1 和导体 2 的对地总电容，R 是导体 2 的对地电阻。如果导体 1 上有干扰电压 V_1 存在，导体 2 作为接受干扰的导体，则导体 2 上出现的干扰电压 V_n 为

$$V_n = \frac{j\omega R C_{12}}{1 + j\omega R(C_{12} + C_{2g})} V_1$$

当导体 2 对地电阻 R 很小，使得 $j\omega R(C_{12} + C_{2g}) \ll 1$ 时，

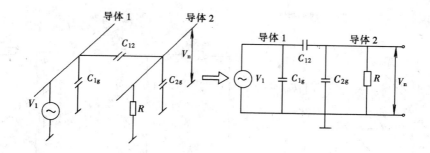

图 7.1　两平行导体之间的电容耦合

$$V_n = j\omega RC_{12} V_1$$

这表明干扰电压 V_n 与干扰信号频率 ω、幅值 V_1、输入阻抗 R 和耦合电容 C_{12} 成正比关系。

当导体 2 对地电阻 R 很大，使得 $j\omega R(C_{12} + C_{2g}) \gg 1$ 时，有

$$V_n = \frac{C_{12}}{C_{12} + C_{2g}} V_1$$

在这种情况下，干扰电压 V_n 由电容 C_{12} 和 C_{2g} 的分压关系及 V_1 确定，其幅值比前一种情况大得多。

2. 磁场耦合

空间磁场耦合是通过导体之间的互感进行的。在任何载流导体周围空间中都会产生磁场，而交变磁场则引起其周围的闭合回路中产生感应电动势。在设备内部，线圈或变压器的漏磁会引起干扰；在设备外部，当两导体平行时，也会产生干扰，如图 7.2 所示。干扰电压是由于感应电磁场引起的耦合，其大小为

$$V_n = j\omega MI_1$$

其中 ω 为交变感应电磁场的角频率，M 为两导体之间的互感，I_1 为导体 1 中的电流。

电磁场辐射也会造成干扰。当高频电流流过导体时，会在该导体周围产生向空间传播的电磁波。此时整个空间充满了从长波到微波范围的电磁波，一般称为无线电干扰。这种干扰极易被电源线和长信号线接收后传播到控制系统中。另外，长信号线具有天线效应，既能接收干扰信号，同时也能辐射干扰信号。

3. 公共阻抗耦合

公共阻抗耦合发生在两个电路的电流流经一个公共阻抗时，一个电路在该阻抗上的电压降会影响到另一个电路。在控制系统中，通常总是用母线将电源引入，又将返回信号引入地线。在实际系统中，母线不可能是理想的（电阻等于零，电感等于零，电容等于无限大）导体，实际上它也有一定的电阻和电感。当流过较大的信号电流时，它的作用就像一根天线，会对外辐射信号。另外，母线之间、母线与其他信号线之间还有分布电容，干扰信号可以通过这个电容耦合过来。印刷电路板上的"地"线实际上是公共回流线，它也具有一定的电阻和电感，当流过地线的电流发生变化时，各个电路就通过它产生耦合，如图 7.3 所示。如果各电路之间有公共电源线，各独立回路回流通过公共回流线电阻 R_{pi} 和 R_{rj}（$i, j = 1, 2, \cdots, n$）产生压降

$$i_1(R_{p1} + R_{r1}), (i_1 + i_2)(R_{p2} + R_{r2}), \cdots, \left(\sum_{i=1}^{n} i_i\right)(R_{pn} + R_{rn})$$

它们分别耦合进各级电路形成干扰。

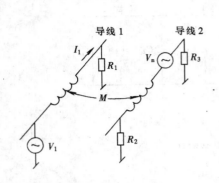

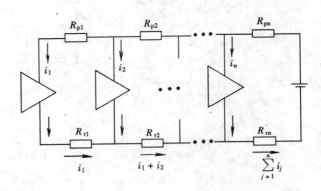

图7.2 两导体之间的磁场耦合　　　　　图7.3 公共电源线的阻抗耦合

第二节 干扰的作用方式

干扰产生的原因和传播途径各不相同，干扰对控制系统造成影响的方式也有多种形式，主要的有串模干扰、共模干扰和长线传输干扰三种。

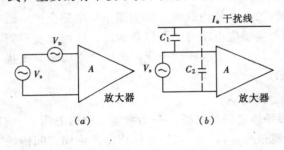

图7.4 串模干扰

一、串模干扰

所谓串模干扰，就是串联于信号回路中的干扰，其表现形式如图7.4(a)所示。其中V_s为信号源，V_n为叠加在V_s上的串模干扰。在图7.4(b)中，如果邻近的导线中有交变电流I_a通过，那么由I_a产生的电磁干扰信号就会通过分布电容C_1和C_2的耦合，引入放大器的输入端。

产生串模干扰的原因有分布电容的静电耦合，长线传输的互感，空间电磁场引起的磁场耦合，以及50Hz的工频干扰等。串模干扰是控制系统中最常见的干扰形式。

二、共模干扰

在控制系统中，控制器或控制计算机、信号放大器和现场信号源的接地点之间，通常要相隔一段距离，长达几十米甚至几百米，在两地之间往往存在着一个电位差V_c，如图7.5(a)所示。这个V_c对放大器产生的干扰，称为共模干扰。其一般表现如图7.5(b)所示，其中V_s为信号源，为V_c共模电压。这种干扰可以是直流电压，也可以是交流电压，其幅值可达几伏甚至更高，取决于现场产生干扰的环境条件和控制系统中设备的接地情况。

三、长线传输干扰

楼宇自动控制系统是一个从现场的传感器到控制器或控制计算机，再回到现场执行机构的庞大系统，各环节之间的连线往往长达几十米甚至几百米。即使是在中央控制室里，各种连线也有几米到十几米。这里的线路是否可以被称作"长"线，主要不是根据线路的实际长度，而是根据在线路中传送的信号的波长。如果线路的长度与信号波长处于同一数量级或更小，则该线路就应当作为长线处理。

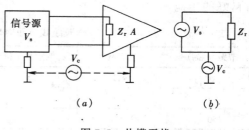

图 7.5　共模干扰

信号在长线中传输会遇到三个问题：一是长线传输易受外界干扰；二是具有信号延时；三是高速度变化的信号在长线中传输时，还会出现波反射现象。

当信号在长线中传输时，由于传输线的分布电容和分布电感的影响，信号会在传输线内部产生正向前进的电压波和电流波，称为入射波；另外，如果传输线的终端阻抗与传输线的波阻抗不匹配，那么当入射波到达终端时，便会产生反射；同样，反射波到达传输线始端时，如果始端阻抗也不匹配，也会引起新的反射。这种信号多次反射的现象，使得信号波形严重畸变，并且引起干扰脉冲。

第三节　干　扰　的　抑　制

干扰是客观存在的，研究干扰的目的是抑制干扰进入控制系统，采取各种预防措施尽量减少干扰对控制系统的影响。我们已经知道，干扰的来源是多方面的，其作用方式主要可以分为串模干扰、共模干扰和长线传输干扰三类，下面主要讨论这三类干扰的抑制措施。

一、串模干扰的抑制

对串模干扰的抑制较为困难。因为干扰信号 V_n 直接与信号 V_s 串联，只能从干扰信号的特性和来源着手，分别不同情况采取相应措施。

1. 屏蔽

根据串模干扰的特点，一旦干扰信号混入有用信号，再要将其彻底去除就非常困难。因此，对串模干扰的抑制，首先是尽力防止干扰信号进入控制系统。屏蔽就是最常用的方法。

所谓屏蔽，就是将整个控制系统的电子部件用导电良好的铁磁性金属材料（一般为薄钢板）"包裹"起来，作为屏障，称为屏蔽层，再将此屏蔽层在电气上良好接地。如果此屏蔽层同时作为系统的机箱，则称为屏蔽外壳。这样，无论是通过静电耦合方式还是磁场耦合方式引入的干扰信号，都首先在屏蔽层上形成信号电流。因为屏蔽层已经接地，所以绝大部分干扰信号电流将被导入大地，这样就防止了干扰信号进入控制系统。

信号电缆的屏蔽方法稍有不同。考虑到电缆有一定的挠曲要求，因此通常用铜丝编织网作为屏蔽层，外面再覆以绝缘保护层。由于铜不是铁磁性金属，因此这种屏蔽层抗磁场干扰的性能稍差。

2. 用双绞线作信号引线

串模干扰主要来源于空间电磁场干扰，采用双绞线作信号线的目的是减少电磁感应，并且使各个小环路的感应电动势互相呈反向抵消。用这种方法可以使干扰抑制比达到几十分贝，其效果见表 7.1。为了从根本上消除产生串模干扰的原因，一方面应对测量传感器进行良好的电磁屏蔽，另一方面应选用带有屏蔽层的双绞线或同轴电缆作为信号线，并应有良好的接地。

双绞线节距对串模干扰的抑制效果　　　　　　　　　　表 7.1

节距（mm）	干扰衰减比	抑制效果（dB）	节距（mm）	干扰衰减比	抑制效果（dB）
100	14∶1	25	25	141∶1	43
75	71∶1	37	平行线	1∶1	0
50	112∶1	41			

3. 滤波

采用滤波器抑制串模干扰也是很常用的方法。当串模干扰信号与被测信号的频谱不交叠或很少交叠时，可以选用具有低通、高通或带通特性的滤波器滤除干扰。一般采用电阻 R、电容 C、和电感 L 等无源元件构成无源滤波器，其缺点是对信号有很大的衰减。为了把增益和频率特性结合起来，可以采用以反馈放大器为基础的有源滤波器。这对于小信号尤其重要，它不仅可以起到滤波作用，还同时可以起到放大测量信号的作用。其缺点是线路复杂。

在实际控制系统中，串模干扰信号的频率一般都比测量信号的频率高。因此常用无源 RC 低通滤波器或有源低通滤波器，分别见图 7.6 和图 7.7。

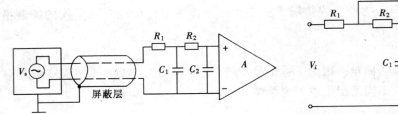

图 7.6　无源 RC 低通滤波器

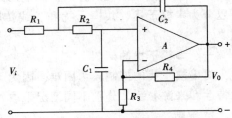

图 7.7　有源低通滤波器

除了这些用 RLC 元件和运算放大器构成的模拟滤波器以外，在计算机控制系统中，还广泛采用各种数字滤波算法（见第五节），进一步滤除各种干扰。

值得注意的是，干扰信号除了从信号线路进入控制系统以外，还可能通过电源线路进入控制系统。另外，电网本身的高次谐波和其他电气设备启、停时产生的尖峰脉冲也会对控制系统产生干扰。因此，通过电网供电的控制设备一般都要求在电源进线处安装无源 LC 滤波器（称为 EMC 滤波器），以滤除可能从电源进入的干扰信号。

二、共模干扰的抑制

共模干扰产生的主要原因是不同"地"之间存在共模电压，以及模拟信号系统对地之间的漏阻抗。首先应当尽量采用"一点接地"来避免系统中不同接地点之间可能存在的电势差造成共模干扰。其次，我们已经知道双端输入放大器（即差分放大器）抗共模干扰的能力要远优于单端输入放大器。因此，为了抑制共模干扰，应采用差分放大器作为测量信号放大器。除此之外，还可以采用变压器隔离、光电隔离和浮地屏蔽等措施抑制共模干扰。

1. 隔离

（1）变压器隔离

利用变压器把模拟信号电路与数字信号电路隔离开来，也就是把模拟地与数字地分开，以使共模干扰电压 V_c 不构成回路，从而抑制了共模干扰。另外隔离前和隔离后应分别采用两组互相独立的电源，切断两部分之间的地线联系。

（2）光电隔离

由于测量信号的频率很低，有时近似接近直流。如果采用变压器隔离，势必要采用调制解调技术，因此，目前多采用光电耦合器来代替变压器。

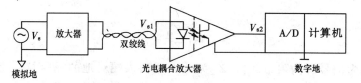

图 7.8　光电隔离

采用光电耦合器作为隔离器件的最简单的方法是选用线性光电耦合器实现模拟信号的隔离，如图 7.8 所示。模拟信号 V_s 经放大器放大后，再利用光电耦合器的线性区，直接对模拟信号进行光电耦合传送。由于光电耦合器的线性区一般只在某一特定范围内，因此，应保证被传送的信号的变化范围始终处于光电耦合器的线性区内。为了保证线性耦合，既要严格挑选光电耦合器件，又要采取相应的信号处理、电平变换和非线性校正措施，否则将产生较大的误差。另外，光电隔离前后两部分的电路应当分别采用两组独立的电源。

光电隔离与变压器隔离相比较，具有容易实现、成本低、体积小等优点，因此在控制系统、特别是计算机控制系统中得到了广泛的应用。

2．用双端输入的方式引入信号

共模电压 V_c 对放大器的影响，实际上是转换成串模干扰的形式而加入到放大器的输入端。图 7.9 中分别表示了单端输入和双端输入两种情况下，共模电压是如何引入放大器输入端的。

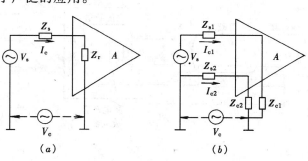

图 7.9　单端和双端输入时共模电压的引入

（a）单端输入；（b）双端输入

当放大器为单端输入时，由共模电压 V_c 引入放大器输入端的串模干扰电压 V_{n1} 为

$$V_{n1} = I_c Z_s = \frac{V_c Z_s}{Z_s + Z_r}$$

因为

$$Z_r \gg Z_s$$

所以

$$V_{n1} \approx \frac{V_c Z_s}{Z_r}$$

其中，Z_s是信号源内阻，Z_r是放大器输入阻抗。显然，Z_s越小，Z_r越大，则越有利于提高抗共模干扰的能力。

当放大器为双端输入时，由共模电压V_c引入放大器输入端的串模干扰电压V_{n2}为

$$V_{n2} = I_{c1}Z_{s1} - I_{c2}Z_{s2} = \frac{V_c Z_{s1}}{Z_{s1} + Z_{c1}} - \frac{V_c Z_{s2}}{Z_{s2} + Z_{c2}}$$

因为

$$Z_{c1} \gg Z_{s1}, \quad Z_{c2} \gg Z_{s2}$$

所以

$$V_{n2} \approx V_c \left(\frac{Z_{s1}}{Z_{c1}} - \frac{Z_{s2}}{Z_{c2}} \right)$$

其中，Z_{s1}、Z_{s2}为信号源内阻，Z_{c1}、Z_{c2}为放大器输入端对地的漏阻抗。为了提高抗共模干扰的能力，信号引入线要尽量短（减小Z_{s1}、Z_{s2}），Z_{c1}和Z_{c2}要尽量大，而且数值要相等。理论上，如果

$$\frac{Z_{s1}}{Z_{c1}} = \frac{Z_{s2}}{Z_{c2}}$$

则 $V_{n2} = 0$，即共模干扰完全消除。由此可见，双端输入时，抗共模干扰的能力很强。

3. 浮地屏蔽

浮地屏蔽是在计算机控制系统中，采用双层屏蔽三线采样浮地隔离式放大器来抑制共模干扰电压，如图7.10(a)所示。这种方式之所以具有较高的抗共模干扰能力，其实质在于提高了共模输入阻抗，减少了共模电压在输入回路中引起的共模电流，从而抑制了共模干扰的来源。其等效电路如图7.10(b)所示。

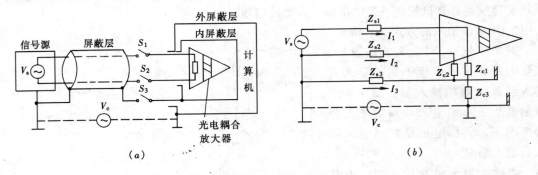

图 7.10 浮地三线采样

在图7.10(b)中，Z_{s1}、Z_{s2}为信号源内阻，Z_{s3}为信号线的屏蔽层电阻，Z_{c1}、Z_{c2}为放大器输入端对内屏蔽层的漏阻抗，Z_{c3}为内屏蔽层与外屏蔽层之间的漏阻抗。合理的设计应使Z_{c1}、Z_{c2}和Z_{c3}达到几十兆欧以上，这样模拟地与数字地之间的共模电压V_c就不会直接引入放大器，而是先经过Z_{s3}和Z_{c3}产生共模电流I_3。由于Z_{s3}较小，所以I_3在Z_{s3}上的压降V_{s3}也很小，可以将它看成一个已经受到抑制的新的共模干扰源V_{n1}，即

$$V_{n1} = V_{c3} = V_c \frac{Z_{s3}}{Z_{s3} + Z_{c3}}$$

因为

$$Z_{c3} \gg Z_{s3}$$

所以

$$V_{n1} \approx V_c \frac{Z_{s3}}{Z_{c3}}$$

V_{n1}通过 Z_{s1}、Z_{c1} 和 Z_{s2}、Z_{c2} 分别形成回路，产生共模电流 I_1、I_2，并在 Z_{s1} 和 Z_{s2} 上产生干扰电压 V_{s1} 和 V_{s2}。这时放大器输入端所受到的共模电压的影响 V_{n2} 即为 V_{s1} 和 V_{s2} 的差值：

$$V_{n2} = V_{s1} - V_{s2} = V_{n1}\left(\frac{Z_{s1}}{Z_{s1} + Z_{c1}} - \frac{Z_{s2}}{Z_{s2} + Z_{s2}} \right) \approx V_c \frac{Z_{s3}}{Z_{c3}}\left(\frac{Z_{s1}}{Z_{s1} + Z_{c1}} - \frac{Z_{s2}}{Z_{s2} + Z_{c2}} \right)$$

因为

$$Z_{c1} \gg Z_{s1}, \quad Z_{c2} \gg Z_{s2}$$

所以

$$V_{n2} \approx V_c \frac{Z_{s3}}{Z_{c3}}\left(\frac{Z_{s1}}{Z_{c1}} - \frac{Z_{s2}}{Z_{c2}} \right)$$

如果不采用双层屏蔽方式而采用普通的单层屏蔽方式，则相应的共模干扰电压为

$$V_{n2} \approx V_c\left(\frac{Z_{s1}}{Z_{c1}} - \frac{Z_{s2}}{Z_{c2}} \right)$$

两种方法相比较，采用双层屏蔽方式以后，抗共模干扰能力提高了 Z_{s3}/Z_{c3} 倍。

三、长线传输干扰的抑制

产生长线干扰的根本原因在于传输线终端阻抗与传输线的波阻抗不匹配，从而造成信号波在传输线中多次来回反射，形成干扰信号。因此，抑制长线传输干扰首先要从正确实现终端阻抗匹配着手，尽量使得传输线终端阻抗与传输线的波阻抗相一致。

根据传输线的基本理论，无损耗导线的波阻抗（又称为特性阻抗）R_0 为：

$$R_0 = \sqrt{\frac{L_0}{C_0}}$$

式中，L_0 为传输线单位长度的电感（H），C_0 为单位长度的分布电容（F）。通常，双绞线的特性阻抗在 $100 \sim 200\Omega$ 范围内，同轴电缆的特性阻抗在 $50 \sim 100\Omega$ 范围内。

在已知传输线特性阻抗的情况下，可采用如下的匹配方法：

1. 始端阻抗匹配法

始端串联阻抗的匹配方法如图 7.11 所示，接入始端串联匹配电阻 R 的目的是提高传输线的特性阻抗。

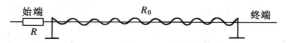

图 7.11　始端串联阻抗匹配

匹配电阻 R 可按下式求得：

$$R = R_0 - R_t$$

式中，R_0 为传输线特性阻抗，R_t 为始端发送器的低电平输出阻抗，当为 TTL 逻辑电路时，R_t 约为 20Ω 左右。

始端串联阻抗由于电阻 R 的作用，使得始端的低电平电位升高，相当于增加了发送器的输出阻抗，使低电平抗干扰能力下降。

2. 终端阻抗匹配法

(1) 终端并联阻抗

终端并联阻抗的匹配方法如图 7.12 所示。在接收器的输入阻抗不太小的情况下，终端的输入阻抗基本上由匹配电阻 R_1 和 R_2 决定，可按下式求取 R_1 和 R_2：

$$R_0 = \frac{R_1 R_2}{R_1 + R_2}$$

且 $R_1 > R_2$。

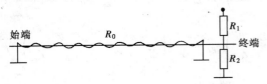

图 7.12　终端并联阻抗匹配

终端并联阻抗的匹配方法由于终端电阻小，使得高电平信号幅值下降，所以高电平抗干扰能力减弱。

(2) 终端并联 RC 串联回路

终端并联 RC 串联回路的匹配方法如图 7.13 所示。在图中，要求 $R = R_0$，电容 C 起隔直作用，降低匹配回路功耗，并不影响阻抗匹配效果，其数值可按下式求取：

$$C \geqslant \frac{10 T_p}{R_t + R_0} = \frac{10 T_p}{R_t + R}$$

式中，T_p 为传输脉冲宽度，R_t 为始端发送器的低电平输出阻抗，当为 TTL 逻辑电路时，R_t 约为 20Ω 左右。

(3) 终端并联箝位二极管

终端并联箝位二极管的线路如图 7.14 所示。箝位二极管的作用是将终端的低电平限制在 0.3V 以下，还可以吸收电流反射波，提高动态抗干扰能力。

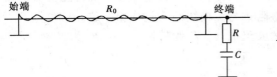 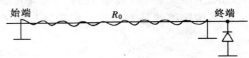

图 7.13　终端并联 RC 串联回路　　　　图 7.14　终端并联箝位二极管

第四节　接　　地

接地对楼宇控制系统的稳定运行和安全都是十分重要的。接地的目的有两条，首先是为了抑制干扰，如前所述，只有将屏蔽层与大地可靠连接，才能发挥其防止干扰信号进入控制系统的作用。接地的另一个作用是保护操作人员和设备的安全。

在楼宇控制系统中，特别是基于计算机的采样控制系统中，一般有以下几种接地：模拟信号接地、数字信号接地、安全接地和交流电源二次接地。

楼宇控制系统中的传感器、变送器、执行机构等都是模拟器件，传送和接受的都是模拟信号，A/D、D/A 转换器作为模拟信号与数字信号之间的桥梁，其输入或输出信号也是模拟信号。模拟信号接地就是为这些器件提供信号电平的零电位参考点。

数字信号接地的作用与模拟信号接地相仿。它是为控制系统中所有的数字器件提供零电位参考点。

安全接地是指将系统中各电气设备的金属外壳接地，它的作用是双重的。首先，将机壳接地后，可以避免机壳带电而危及人身安全；其次，设备的金属外壳往往同时起着屏蔽层的作用。将机壳接地可以防止干扰信号进入控制系统。

交流电源的二次接地又称重复接地，它属于供电的范畴。在三相四线制或三相五线制供电系统中，变压器的中性点直接接地，但是为了防止当输电线路的 PEN 线或 PE 线断开时发生危险，要将 PEN 线或 PE 线多次重复接地。

在系统内部接地时，首先应当将所有设备的模拟信号接地点联结在一起，构成所谓模拟地；同样将所有设备的数字信号接地点联结在一起，构成所谓数字地。然后再将模拟地与数字地联结在一起，称为信号地，最后与大地相连（一点接地）。之所以要采用这种连接方法，是为了防止系统中的数字脉冲信号经接地线的公共阻抗耦合对模拟器件造成干扰。

安全接地一般与二次接地连接到一起，称为电源地，然后与大地相连。有时为了取得更好的屏蔽效果，也可以将安全接地与信号地相连，但是不能同时将安全接地连接到信号地和电源地。相反，为了防止电源的接地电流对信号造成干扰，电源地与信号地应连接到不同的接地装置。

第五节　数　字　滤　波

为了抑制干扰信号，除了采用常规的 RLC 滤波器以外，在计算机控制系统中，还经常利用计算机强大的计算能力，采用数字滤波算法，对输入信号中的干扰成分加以滤除。

所谓数字滤波，就是在计算机中用某种计算方法对输入信号进行数学处理，以减少干扰在有用信号中的比重，提高信号的真实性。这种滤波方法不需要增加硬件设备，只需要根据预定的滤波算法编制相应的程序就可以达到信号滤波的目的。

数字滤波可以对各种干扰信号，甚至是极低频率的信号进行滤波。数字滤波具有稳定性高、滤波参数修改方便、一个数字滤波子程序可以被各个控制回路调用等优点，因此得到了广泛的应用。

以下讨论几种常用的数字滤波算法。

一、平均值滤波法

平均值滤波法是对信号 y 的 m 次测量值进行算术平均，作为时刻 n 的输入 $y(n)$，即

$$\bar{y}(n) = \frac{1}{m} \sum_{i=0}^{m-1} y(n-i)$$

m 值决定了信号的平滑度和灵敏度。随着 m 值的增大，平滑度提高，而灵敏度降低。所以应当根据具体情况选取 m，以便得到满意的滤波效果。通常，应当使得采集 m 个信号所需要的时间恰好等于或接近交流电源周期的整倍数，以提高滤除电源干扰的能力。在可能的情况下，可以令 $m = 2^n$，这样就可以用移位操作代替除法运算，提高运算速度。

从上式可以看出，平均值滤波法对每次采样值给出同样的加权系数，即 $1/m$。实际上，某些场合需要增加新采样值在平均值中的比重，此时可采用加权平均值滤波法，滤波公式为

$$\bar{y} = r_0 y_0 + r_1 y_1 + \cdots + r_m y_m$$

其中，r_1、r_2、$\cdots r_m$ 为加权系数，且应满足下式

$$\left.\begin{array}{l} r_0 > r_1 > \cdots > r_m > 0 \\ r_0 + r_1 + \cdots + r_m = 1 \end{array}\right\}$$

加权系数的选取应视实际情况而定，并通过实际调试来最后确定。

当然，在采用加权平均算法以后，对周期性干扰信号的滤除效果将减弱。

平均值滤波法一般适用于具有周期性干扰噪声的信号，当用于滤除电源干扰时效果尤为明显，但对偶然出现的脉冲干扰信号滤波效果不理想。

二、中位值滤波法

中位值滤波法的原理是对被测参数连续采样 m 次（$m \geqslant 3$），并按大小顺序排列，从首尾各舍去 $m/3$ 个大数和 $m/3$ 个小数，再将剩余的 $m/3$ 个大小居中的数据进行算术平均，作为本次采样的有效数据。中位值滤波法对去除脉冲干扰信号有良好的滤波效果。

如果把中位值滤波法和平均值滤波法结合起来使用，那么滤波效果会更好。即在每个采样周期中，先用中位值滤波法得到 m 个滤波值，再对这 m 个滤波值进行算术平均，得到可用的被测参数。

三、限幅滤波法

由于大的随机干扰或采样器不稳定，使得采样数据偏离实际值太远，为此，不仅采用上、下限限幅，即

当 $y(n) \geqslant y_H$ 时，则取 $y(n) = y_H$（上限值）；

当 $y(n) \leqslant y_L$ 时，则取 $y(n) = y_L$（下限值）；

当 $y_L < y(n) < y_H$ 时，则取 $y(n) = y(n)$。

而且采用变化率限制，即

当 $|y(n) - y(n-1)| \leqslant \Delta y_0$ 时，则取 $y(n)$；

当 $|y(n) - y(n-1)| > \Delta y_0$ 时，则取 $y(n-1)$。

其中 Δy_0 为两次相邻采样值之差的最大可能变化量。Δy_0 值的选取，取决于采样周期 T，及被测参数 y 应有的正常变化率。因此，一定要根据实际情况来确定 y_H、y_L、特别是 Δy_0 的值，否则，非但达不到应有的滤波效果，反而会降低控制品质。

四、惯性滤波法

常用的 RC 滤波器的传递函数是

$$\frac{Y(s)}{R(s)} = \frac{1}{T_f s + 1}$$

其中 $T_f = RC$，它的滤波效果取决于滤波时间常数 T_f。因此，RC 滤波器不可能对极低频率的信号进行滤波。为此，人们按照 RC 滤波器的传递函数，用程序构成了一阶惯性滤波器，也称为低通滤波器。

将上式改写为差分方程

$$T_f \frac{y(n) - y(n-1)}{T_0} + y(n) = r(n)$$

整理后得，

$$y(n) = \frac{T_0}{T_f + T_0}r(n) + \frac{T_f}{T_f + T_0}y(n-1) = (1-\alpha)r(n) + \alpha y(n-1)$$

其中，$\alpha = \dfrac{T_f}{T_f + T_0}$ 称为滤波系数，且 $0 < \alpha < 1$，T_0 为采样周期，T_f 为滤波器时间常数。

以上讨论了四种不同的数字滤波方法。在实际应用中，究竟选取哪一种滤波方法，应当根据具体情况而定。平均值滤波法适用于周期性干扰，中位值滤波法和限幅滤波法适用于偶然的脉冲干扰，惯性滤波法适用于高频及低频的干扰信号，加权平均值滤波法适用于纯滞后较大的被控对象。如果将几种数字滤波方法结合使用，一般应当先用中位值滤波法或限幅滤波法，然后再用平均值滤波法。惯性滤波法则可以与不完全微分结合使用。如果应用不当，非但达不到滤波效果，反而会降低控制品质。

第八章 现场总线、BACNet 和 LonWorks

目前在楼宇自动化系统中使用的各种设备和子系统既多又复杂，随着设备数量和种类的增多，设备之间的互联逐渐从点对点方式过渡到网络方式。但是，由不同厂商提供的不同的产品和子系统，其通讯协议各不相同，这样就造成在通信速率、编码格式、同步方式、通讯规程等各方面都不相同，因而要使这些产品实现相互操作和系统互联就很困难。如果系统中的各种设备和子系统不能进行互联而独立运行，则系统不能进行一体化的协调运行，将导致管理效率低下，维修困难，系统扩展费用升高。

为了彻底解决这些问题，目前已经出现了两种主要的解决方案。一种解决方案基于计算机通信网络，称为 BACNet，即楼宇自动化与控制网络（The Building Automation and Control Network），它目前已经成为美国国家标准和美国采暖、制冷和空调工程师协会标准（ANSI/ASHRAE135-1995），而且国际标准化组织（ISO）也正在对其进行评估；另一种基于现场总线，称为 LonWorks，它是以美国 Echelon 公司开发的系列产品作为基础，同样得到了广泛的应用，它目前是美国国家标准和电子工业联合会标准（ANSI/EIA 709.1-A-1999）。这两种解决方案具有不同的风格和侧重点，都得到了我国有关标准的推荐。以下首先介绍现场总线的有关内容，然后再介绍两种不同风格的解决方案及其应用场合。

第一节 现 场 总 线

现场总线是应用在生产现场、在智能化的测量控制设备之间实现双向串行多节点数字通信的系统，也被称为开放式、数字化、多点通信的底层实时控制网络（Infranet）。除了在楼宇自动化系统以外，现场总线还在制造业、化工业和交通业等行业的自动化系统中得到了广泛的应用。

现场总线技术是将专用微处理器嵌入到传统的测量控制仪表和执行机构中，使它们具有数字计算和数字通信的能力，成为智能设备，可以通过数据总线（双绞线或同轴电缆等）将各个分散的测量、控制、执行设备作为网络节点连接在一起，构成网络系统，并按公开、规范的通信协议相互访问，实现数据传输和信息交换，形成各种适应实际需要的自动控制系统。

现场总线系统既是一个开放式的通信网络，又是一种全分布的控制系统。它作为智能设备之间的联系纽带，把挂接在总线上作为网络节点的各个智能设备连接为网络系统，并进一步构成自动化系统，实现基本控制、补偿计算、参数修改、报警、显示等综合自动化功能。

现场总线改变了传统模拟控制系统按控制回路一对一设备连线的结构形式，把原先位于控制室的控制设备和输入输出模块嵌入现场设备，加上现场设备具有通信能力，安装在生产现场的测量变送仪表可以直接与阀门等执行机构交换信息，因而整个控制系统能够不依赖控制室的控制计算机和控制仪表，直接在现场实现基本控制功能，实现了彻底的分散控制。图 8.1 为现场总线控制系统的结构示意图。

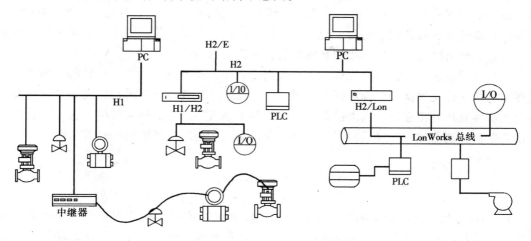

图 8.1　现场总线控制系统

现场总线系统的主要技术特点有：

1. 系统的开放性。系统的开放性是指通信协议公开，不同厂家的设备之间可以进行互联、相互识别并实现信息交换。用户可以根据自己的需要，将来自不同供应商的产品组合成满足使用要求的系统。

2. 互操作性和互用性。互操作性是指实现互联设备间、系统间的信息传送与沟通，可用点对点和广播方式进行数字通信。互用性是指来自不同厂家的性能类似的设备可以实现互换互用。

3. 现场设备的智能化和功能自治性。现场总线将系统的传感测量、补偿计算、执行机构驱动等功能分散到各个现场设备中完成，仅仅依靠现场设备就能够实现基本的控制功能。

4. 系统结构的高度分散性。现场总线构成了一种全新的完成分布的控制系统体系结

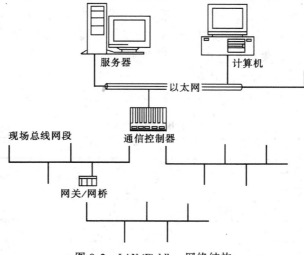

图 8.2　LAN/Fieldbus 网络结构

构，简化了系统结构，提高了可靠性。

现场总线的关键技术是通信协议。目前常用的通信协议除了在楼宇自动化系统中常用的 LonWorks 以外，还有 FF（基金会现场总线）、PROFIBUS、CAN、HART 和 WorldFIP 等，这些协议都有其各自的体系结构、标准、专用芯片和开发工具等。因此，在统一的现场总线通信协议推出之前，现场总线的开放性仍有一定的局限。

现场总线系统除了独立完成底层实时控制任务外，还可以与计算机局域网相连接，完成更加复杂的优化控制和管理数据采集等工作。这种连接现在通常采用将现场总线网段的通信控制器直接挂接在局域网上的简捷方式，即 LAN/Fieldbus 的网络结构，这时现场总线网段的通信控制器就成为局域网上的一个节点。图 8.2 是这种网络结构的示意图。

第二节　BACNet

BACNet 提供了使来自不同供应商的、基于计算机的控制设备共同工作，或称为"互操作（interoperate）"的方法。它允许对各种设备进行扩展、混合和配接，使其能够更好地在当前和将来满足任何规模的建筑物的要求。BACNet 可以用于处理各种类型的楼宇控制系统，包括空调系统、安保系统、火灾报警和自动消防系统、楼宇设备维护系统和废物处理系统等。

BACNet 定义了复杂的模型来描述所有类型的楼宇自动化系统。这一模型基于这样一种思想，即为了使得系统能够真正实现互操作，它必须是一个关于整个系统中各个不同方面，以及关于各种系统本身的协议。为了使得各种设备能够协同工作，设备间必须能够交换和相互理解 BACNet 信息。BACNet 定义了四种不同类型的局域网和一种串行数据接口（EIA－232），以及相应的网络协议，使得信息可以从一台设备传送到另一台。而这些信息的内容，或者称为 BACNet 语言，就成为 BACNet 标准中的主要内容。

一、对象（Object）

BACNet 的基于面向对象的术语与传统的行业习惯不同。长期以来，行业中采用通用的术语"控制点"来表示传感器输入、控制器输出或者控制阀，尽管它们由不同的制造商生产，具有不同的特性。BACNet 则定义一系列的标准"对象"，每一种对象具有一系列的标准"属性"。通过这些属性，可以向 BACNet 网络中的其他设备描述对象及其当前所具有的状态，并且可以使得对象被其他 BACNet 设备所控制。

BACNet 一共定义了 18 种标准对象，表 8.1 全面列出了这些对象。一个完整的楼宇自动化系统中的每一个部件，都可以用其中的一种或几种对象来表示。

标准 BACNet 对象　　　　　　　　　　　　　　　　　　　　　　　　表 8.1

对　　象	应　用　实　例
模拟量输入	传感器输入
模拟量输出	控制器输出
模拟量数据	给定值或其他模拟控制参数
二进制输入	开关输入
二进制输出	继电器输出

对　　象	应　用　实　例
二进制数据	二进制（数字）控制系统参数
日　　历	为日程定义一日期表，比如节假日或其他特殊的日子
命　　令	将多个数据写入多台设备的多个对象中，以实现某一特定的功能，比如从白天运行状态转变为夜间运行状态，或者应急运行状态
器　　件	说明什么对象和服务该设备能够支持，以及其他与设备有关的信息，譬如供应商、固件版本等
事件登记	描述一个可以被其他设备理解的事件，比如一个出错信息或一个报警信号
文　　件	被设备支持的、可以读写的数据文件
组	在一个读操作中访问多个对象的多个特性
回　　路	对"控制回路"的标准化访问方法
多态输入	表示一个多态过程的各种状态，如冰箱的开、关和除霜周期
多态输出	表示一个多态过程的各种期望状态
通告类	如果事件登记对象决定需要发出警告信息时，保存需要接受这一信息的设备表
程　　序	允许在设备启动、停止、加载和卸载时运行程序，并报告程序的当前状态
日　　程	定义一周的日程表

　　选择哪一种对象来表示一台 BACNet 设备取决于它的功能。BACNet 标准并不要求在每一台 BACNet 设备中都具有所有的标准对象。例如，一台控制变风量空调末端的控制器应当具有几个模拟输入和模拟输出对象，而一台既没有传感器输入又没有控制器输出的 Windows 工作站则不需要具有这些对象。

　　每一台 BACNet 设备都必须具有一个"设备对象（device object）"，它的属性将对网络中的其他设备描述该设备的全部特性。

　　另外，BACNet 允许制造商为它们的产品增加其特有的对象，这些对象并不一定需要能够被那些由其他制造商生产的设备所访问或理解。

二、属性（Property）

　　BACNet 为各种对象定义了 123 种属性。每一种对象都有一个对应的属性子集。每一种对象都必须具有 BACNet 定义所需要的那些属性，而其他的属性则可以根据需要选择。图 8.3 为一个模拟量输入对象（这里是一个温度传感器）可以通过网络读取的五个属性。

　　在这些属性中，Description、Device_Type 和 Units 是设备在安装时设置的，而 Present_Value 和 Out_Of_Service 反映了以模拟量输入对象来表示的传感器当前的状态。另外还有

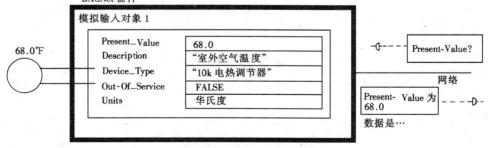

图 8.3　模拟量输入对象

一些属性（一个模拟量输入对象一共可以有 25 个属性）则可以由制造商在生成时设置。在这个实例中，所有的属性都是可读的，一个关于 Present_Value 属性的查询请求将得到"68.0"的应答。

在那些为 BACNet 定义所需要的属性中，只有少数是可写入的，而其他的是否需要定义为可写入则完全取决于制造商的判断。当然，所有这些属性在整个网络范围内都是可读的。

BACNet 不但允许制造商自行定义其特有的对象，也允许制造商对其特有的对象定义特有的属性。同样，这些属性并不一定能够被那些由其他制造商生产的设备所访问或理解。

如上所述，每个 BACNet 对象必须有一个"设备对象"。设备对象表示这个设备的信息，和它能够为网络中其他设备所提供的功能。在一台 BACNet 设备开始控制与其他设备相关的通讯以前，它需要获得这些设备提供的"设备对象"的信息。表 8.2 中列出了"设备对象"的全部属性，以及它在一台双风道 VAV 控制器中的取值实例。

设备对象的属性　　　　　　　　　　　　　　　　　　　　　表 8.2

属　　　性	BACNet	实　　　例
Object_Identifier	需要	Device # 1076
Object_Name	需要	"Office 36 DD Control"
Object_Type	需要	Device
System_Status	需要	Operational（plus others）
Vendor_Name	需要	"Alerton Technologies, Inc."
Vendor_Identifier	需要	Alerton
Model_Name	需要	"VAV-DD Controller"
Firmware_Revision	需要	"1.0"
Application_Software_Version	需要	"Dual – Duct DDC"
Location	任选	"Office 36, Floor 3"
Description	任选	"（on network 5）"
Protocol_Version	需要	1（BACNet protocol version）
Protocal_Conformance_Class	需要	2
Protocol_Services_Supported	需要	readProperty, writeProperty, atomicWriteFile, …
Protocol_Object_Types_Supported	需要	Analog Input, Analog Output, …
Object_List	需要	Analog Input # 1, Analog Input # 2, …
Max_APDU_Length_Supported	需要	50（bytes or characters）
Segmentation_Supported	需要	No
VT_Classes_Supported	任选	n/a
Active_VT_Sessions	任选	n/a
Local_Time	任选	12:30:15.22
Locat_Date	任选	Tuesday, March 12, 1996
UTC_Offset	任选	+ 480（minutes from GMT/UTM）

属 性	BACNet	实 例
Daylight—Saving—Status	任选	False（not in effect）
APDU—Segment—Timeout	任选	n/a
APDU—Timeout	需要	3000 milliseconds
Number—Of—APDU—Reties	需要	0
List—Of—Session—Keys	任选	n/a
Time—Synchronization—Recipients	任选	n/a
Max—Master	任选	n/a
Max—Info—Frames	任选	n/a
Divice—Address—Binding	需要	None

三、服务（Service）

服务是一台 BACNet 设备从另一台设备获取信息，命令另一台设备完成一些操作，或者通知一台或几台设备某一事件已经发生的方法。每个发出的服务请求（service request）和返回的服务确认（service acknowledgement）都以信息包的形式通过网络在发出信息的设备与接收信息的设备之间传递。

在 BACNet 设备中运行的"应用程序"发出这些服务请求，并处理接收到的确认。应用程序实际上是使 BACNet 设备完成操作的软件。在一台操作员工作站中，应用程序显示若干个传感器的输入数值，同时周期性地向各个对应的设备发出请求，以获取最新的数据；而在监控设备中，应用程序处理服务请求并返回所需要的数据。这一过程见图 8.4。

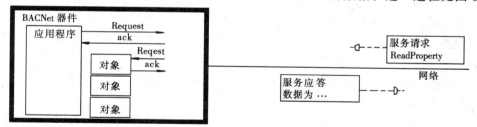

图 8.4　服务请求和确认

在 BACNet 中一共定义了 32 种服务，根据其内容可以分为报警和事件（Alarm and Events）、文件存取（File Access）、对象访问（Object Access）、远程设备管理（Remote Device Management）和虚拟终端服务（Virtual Terminal Services）五大类。根据各种服务的属性，它们又可以分为"确认的"（"confirmed"）和"非确认的"（"unconfirmed"）两大类。对于"确认的"服务，BACNet 设备需要具有发出请求的能力，或者处理和确认收到的请求的能力，或者两者兼备；对于"非确认的"服务，BACNet 设备需要具有发出请求的能力，或者处理所收到的确认的能力，或者两者兼备，但不需要对所收到的请求进行确认。

对于一台 BACNet 设备而言，并不需要实现每一种服务。只是一种服务，即 ReadProperty，是每一种 BACNet 设备都需要处理的。根据各种 BACNet 设备不同的功能，可以相应增加所需要的服务。表 8.3 中列出了远程设备管理服务的全部内容，其中标为"C"的是

"确认的"服务，标为"U"的是"非确认的"服务。

远程设备管理服务

表 8.3

服　　务	BACNet	描　　述
Device Communication Control	C	通知设备停止（或开始）从网络接收信息
Confirmed Private Transfer	C	向设备传送由制造商确定的信息
Unconfirmed Private Transfer	U	向一台或多台设备传送由制造商确定的信息
Reinitialize Device	C	命令设备重新初始化（冷启动或热启动）
ConfirmedText Message	C	向另一台设备转发文本信息
Unconfirmed Text Message	U	向一台或多台设备发送文本信息
Time Synchronization	U	向一台或多台设备发送当前时间
Who-Has	U	询问哪个 BACNet 设备含有特定的对象
I-Have	U	对 Who-Has 广播的肯定确认
Who-Is	U	询问某一 BACNet 设备是否存在
I-Am	U	对 Who-Is 广播的肯定确认

为了更好地促进 BACNet 设备的改进和完善，BACNet 的技术规范还提供了一个由制造商建立的标准协议实现一致性说明（Protocol Implementation Conformance Statement，PICS），其中提供了各设备特定选项的实现的细节。这些选项用于区分制造商、对设备进行简要的描述，以及详细描述实现设备功能的方法。在 PICS 中包括：

1）设备的一致性类；

2）设备所支持的功能组；

3）设备提供的标准的和特有的服务；

4）设备所包含的标准的和特有的，包括任何可选择、可写入、可创建或可删除属性的对象；

以及其他一些与设备实现 BACNet 标准有关的内容。BACNet 标准还提供了 PICS 的样式以简化技术规范的制定。

第三节　LonWorks

作为一种先进的用于楼宇和家庭自动化、工业、运输和公用设施控制网络的开放式解决方案，LonWorks 系统已经在全球拥有几千个应用程序开发商，已安装的设备达几百万台。一个控制网络就是将任意组合的设备以点对点的方式工作，来监视传感器、控制执行机构、可靠地进行通讯、管理网络运行，以及对网络上的数据进行全面的存取。LonWorks 网络采用 LonWorks 协议，或者称为 ANSI/EIA 709.1 控制网络标准（ANSI/EIA 709.1 Control Networking Standard），来完成这些任务。

一、概述

LonWorks 系统基于以下概念：

1）控制系统具有许多共同的需求，而与具体的应用无关。

2）与非网络化的控制系统相比较，网络化的控制系统明显地在功能上更加强大、更加灵活、更加易于升级。

3）与非网络化的控制系统相比较，网络化的控制系统在一个长时期内能够节约和赚取更多的金钱。

在许多方面，LonWorks 网络类似于一个像 LAN 那样的计算机数据网络，因此在很多场合，往往将 LonWorks 归入现场总线的范畴。数据网络由连接在各种通信媒介上的计算机组成，不同的通信媒介之间通过路由器相连，用一种共同的协议，如 TCP/IP 相互通讯。数据网络是根据传输大量信息的要求进行优化的，并且假定偶尔发生数据传输和响应的延迟是可以接受的。控制网络的物理组成与此相同，所不同的是优化的依据是价格、性能、规模和控制的响应要求。控制网络允许联网的系统延伸到那些数据网络技术不能满足的应用领域。通过在它们的系统中采用 LonWorks 部件，控制系统和设备的制造商们缩短他们的开发和施工所需要的时间，其结果是使开发工作更加经济有效和步调一致地进行，并允许来自不同制造商的设备能够相互通讯。

传统的控制网络采用以专用网关互联的封闭控制岛，这些网关的安装和维护都很困难，而且将用户束缚在封闭的、不可互操作的体系结构上。尤其是这种设计方法昂贵的价格限制了控制系统的市场前景。LonWorks 系统具备的互操作性、健壮的技术、快速开发和规模效益的优点，加速了摆脱这些专用控制方案和集中式系统的趋势。LonWorks 系统将处理分布到整个网络，以及提供对每一台设备的开放的存取能力，降低了整个设备费用和在寿命周期中的运行费用，通过减少失效点的数量提高了可靠性，并提供了适应各种不同应用的灵活性。例如，在楼宇自动化行业中，LonWorks 网络被广泛用作所有楼宇系统的公用基础设施。

二、协议简介

与 BACNet 标准相比较，LonWorks 更像一个网络通信协议。LonWorks 系统的核心是 LonWorks 协议，或称为 LonTalk 协议和 ANSI/EIA 709.1 控制网络标准。这个协议提供了一整套通讯服务，允许在一台设备上运行的应用程序通过网络向其他设备发送消息，以及从其他设备处接收消息，而不需要了解网络的拓扑结构和其他设备的命名、地址或功能。LonWorks 协议允许任意的点对点的消息确认、消息认证，以及在限定的传输时间内按优先级传送消息。对网络管理服务的支持允许远程网络管理工具通过网络对联网设备进行操作，这些操作包括重新定义网络地址和参数、下载应用程序、报告网络问题，以及启动、停止、复位各设备的应用程序。

LonWorks 协议是一个分层的、基于包交换的点对点通信协议。与和它有关的以太网和因特网协议一样，LonWorks 协议是一个公开的技术标准，采用国际标准化组织（ISO）的开放式系统互联（ISO OSI）分层结构参考模型。但是，LonWorks 协议是为控制系统、而不是数据处理系统的特定要求而设计的。为了保证使这些要求能够有一个可靠的和健壮的通信标准，LonWorks 协议是一个根据国际标准化组织推荐的分层协议。通过将用于控制的协议分配到每一个 OSI 层上，LonWorks 协议提供了一个专用于控制的解决方案，它能够满足控制应用对通信的可靠性、性能和健壮性的要求。

ISO OSI 的七层模型是：

7．应用层（Application layer）；

6．表示层（Presentation layer）；

5．会话层（Session layer）；

4．传输层（Transport layer）；

3．网络层（Network layer）；

2．数据链路层（Link layer）；

1．物理层（Physical layer）。

所有的通信都由一个或多个数据包在设备之间的交换组成。每个数据包具有不同的字节长度，并包含有各网络层所需要的简要数据说明。这些简要的数据说明使得 LonWorks 数据包十分短小，从而降低了在每个 LonWorks 设备中生成和处理这些数据的价格。

在一个信道中的每个设备都监视着发给这个信道的每一个数据包，以决定它们是否是接收者。如果是的话，就对数据包进行处理，确定这个数据包中是否包含有发送给设备应用程序的数据，或者仅仅是一个网络管理数据包。如果数据包是发送给应用程序的，则根据需要可能会有一个确认、响应或者认证消息返送给发信设备。

三、信道类型

LonWorks 协议是独立于传输介质的，它允许 LonWorks 设备通过任何物理传输媒介进行通信。这样就使得网络的设计者能够在控制网络中完全利用现有的各种不同的信道。LonWorks 协议提供了一系列可修改的配置参数，使每一台特定的应用能够在性能、安全和可靠性之间取得平衡。

信道是一组 LonWorks 设备通过收发器连接的特定的物理通信媒介（如双绞线、同轴电缆、光纤、电力线和微波等）。每一种信道有不同的特性，包括最大连接设备数、通信速率和物理距离限制。表 8.4 中列出了几种常用信道的特性。

LonWorks 常用信道 表 8.4

通道类型	介　质	通信速率	兼容收发器	最大设备数	最大传输距离
TP/FT-10	双绞线，自由或总线拓扑	78kbps	FTT-10，FTT-10A，LPT-10	64～128	500m（自由拓扑），2200m（总线拓扑）
TP/XF-1250	双绞线，总线拓扑	1.25Mbps	TPT/XF-1250	64	125m
PL-20	电力线	5.4kbps	PLT-20，PLT-21，PLT-22	由环境决定	由环境决定
IP-10	在 IP 协议上的 LonWorks	由 IP 网络决定	由 IP 网络决定	由 IP 网络决定	由 IP 网络决定

特别需要指出的是自由拓扑双绞线信道 TP/FT-10，它允许在任意配置下将设备用单一双绞线连接，而没有任何连接电缆长度、设备区分、分组等限制，受限制的只是每一网段的电缆长度。

四、介质访问控制算法

所有的网络协议都采用介质访问控制（Media Access Control，MAC）算法使得联网设备能够确定什么时候它们可以安全地发送数据包。MAC 算法是按照避免或者尽可能减少碰撞来设计的。当两个或更多的设备试图在同一时刻发送数据时，就会发生碰撞。消除碰撞的 MAC 算法一般只应用于很小的网络中，因为这些算法在大型网络中不能很好地工作。在以太网这样的现代网络中，MAC 算法不是用来防止碰撞，而是尽可能地减少碰撞的发生。因为在网络超载的条件下，以太网 MAC 算法的性能很差，所以它并不适合于局域控制网。现有的 MAC 算法，如 IEEE 802.2、802.3、802.4 和 802.5，都不能满足 LonWorks 多种传输介质、在重负荷下性能保持不变和支持大型网络的要求。

LonWorks 协议采用了其独有的 MAC 算法，称为 predictive p-persistent CSMA protocol，就是在网络超载的情况下，它仍然具有优异的性能。LonWorks 的 MAC 算法使得信道能够在极少发生碰撞的情况下以其最大能力工作。

与以太网一样，所有的 LonWorks 设备都随机地将对通信介质进行访问。这样就能够防止由于两个或更多的设备都在等待网络空闲以便发送数据包所必然引起的碰撞。如果它们在发送失败和重试之间等待相同的时间，将会导致重发碰撞。将重发等待时间随机化能够减少这种碰撞的发生。在 LonWorks 协议中，设备的等待时间在根据 Beta 2 slots 的值（最小为 16）决定的各种不同的等待时间中随机选择。这样在一个空闲的网络中，平均等待时间为 8 Beta 2 slots。

与其他协议不同的是，在 LonWorks 协议中 Beta 2 slots 的值是由各设备根据网络负荷的预测结果动态调节的。根据预测结果的不同，Beta 2 slots 的范围可以在 16 到 1008 之间变化。

这种预测和动态调节的方法使得 LonWorks 协议在网络负荷较轻时以较小的 Beta 2 slots 尽量减少介质访问延迟，而在网络负荷较重时以较大的 Beta 2 slots 尽量减少碰撞的发生。

五、寻址

寻址算法定义了数据包怎样从源设备传送到一台或多台目标设备。数据包可以被送到一台设备、一组设备或者所有的设备。为了支持从只有两个设备的网络到具有几万个设备的网络，LonWorks 协议支持多种形式的地址，从简单的物理地址到一次指明多台设备的集合地址。以下是 LonWorks 的各种地址形式：

1）物理地址。每一台 LonWorks 设备具有一个惟一的 48 位的标识符，称为 Neuron ID。Neuron ID 一般是在设备制造的时候分配的（固化在 Neuron 芯片中），并且在设备的整个寿命周期中不再改变。

2）设备地址。当一台 LonWorks 设备被安装在一个特定的网络中的时候，将对它分配一个设备地址。由于设备地址支持效率更高的消息路由算法，而且在更换损坏的设备时更加简单，因此一般用设备地址来代替物理地址。设备地址包括三个部分：域标识符（domain ID）、子网标识符（subnet ID）和节点标识符（node ID）。域标识符用于识别哪些设备是可以互操作的。设备必须在同一个域中才能交换数据包。在一个域中的设备总数最多为 32385。子网标识符用于识别哪些设备是在同一个信道中，或者是在通过同一个转发器连接的几个信道中。子网中的设备总数最多为 127。一个域中最多可以有 255 个子网。节点标识符则用于在子网中识别各台不同的设备。

3）组地址。组是在一个域中一些设备的逻辑集合。但是，与子网不同的是，将设备聚合成组时并不需要考虑它们在域中的实际物理位置。当采用不需确认的消息时，一个组可以包含的设备总数没有限制；当采用需要确认的消息时，一个组最多可以包含 64 台设备。当数据包需要对多个设备寻址时，组是一种优化网络带宽的有效方法。在一个域中，最多可以有 256 个组。

4）广播地址。广播地址用于识别一个子网中的所有设备，或者是一个域中的所有设备。广播地址是同时与许多设备通信的有效方法，有时用于取代组地址以节省有限的可用组地址资源。

每一个 LonWorks 数据包在网络中传输时都包含有发送设备的地址（源地址）和接收设备的地址（目的地址）。这些地址可以是物理地址，也可以是设备地址、组地址或者广播地址。

如果在一个域中的设备数量超过了限额，或者希望将一些设备隔离，使它们不能互操作，这时可以采用多个域。只要每个系统具有独立的域标识符，两个或更多的互相独立的 LonWorks 系统就可以共存于同一个物理信道中。每个系统中的设备只响应那些含有与它们自身相同的域标识符的数据包，而对那些域标识符不同的数据包视而不见。设备也响应那些含有它们自身物理地址的数据包，这种情况一般只是对网络安装工具做出响应。当共享物理网络时，由于数据包数量增加，整个网络响应时间将会延长，因此需要对整个网络进行响应的设计。

六、消息服务

LonWorks 协议提供了三种基本的信息传递服务，同时支持消息认证。一个优化的网络会经常应用这些服务。这些服务允许在可靠性、效率和安全性之间进行平衡。它们是：

1）确认消息。实现点对点的消息确认。当采用确认消息时，消息被发送给某一设备或不超过 64 台设备的一个组，每台接收到消息的设备都要单独发送一个确认消息。如果没有接收到确认消息，在经过一段延迟时间后，发送设备重新开始尝试发送消息。重试次数和延迟时间都是可以设置的。

2）重复消息。多次将同一条消息发送给一台设备或者设备数量不限的一个组。这种消息服务一般用于代替确认消息，因为它不会造成网络负荷过重，同时可以避免因为等待确认消息所造成的延迟。这一点在向大批设备发送广播消息时特别重要，因为如果采用确认消息的话，在同一时刻所有的设备都试图发送确认消息。

3）非确认消息。将一条消息向一台设备或者设备数量不限的一个组发送一次，并不要求接收者发送确认消息。这种消息服务对网络造成的负荷最轻，是最常用的一种消息服务。

4）可认证的消息。允许消息的接收者确认发送者是否被授权发送这样的消息。这样，认证就可以防止对设备的非授权访问。认证通过一个在设备安装时分配的 48 位的密钥实现。

七、LonWorks 协议的一些数量限制

在一个采用 LonWorks 协议的系统中，可以有 2^{48} 个域，每个域最多可以有 32385 台设备，这样一个系统中的最大设备数量为 $32k \times 2^{48}$。在一个域中最多可以有 256 个组，分配到每个组中的设备数量不限，除非是采用点对点的确认消息时，每个组中的设备数不能超过 64 台。在一个域中最多可以有 255 个子网，每个子网中的设备数不能超过 127 台。

八、Neuron 芯片

在 LonWorks 设备中，LonWorks 协议主要依靠专用处理器 Neuron 芯片（Neuron Chip）来实现。Neuron 芯片是 Echelon 公司的专利产品，采用 CMOS CLSI 技术。它是高度集成的，使用时所需的外部器件很少。在芯片中有三个 8 位的 CPU（分别为介质访问控制处理器、网络处理器和应用处理器）、用保存于数据和程序代码的 RAM 和 EEPROM、内部数据总线和地址总线、I/O 接口和通信接口，以及必要的时钟和控制逻辑电路。Neuron 芯片的编程

语言为 Neuron C，它是从 ANSI C 中派生出来的，并根据控制的要求对 ANSI C 进行了删减和增补。Neuron 芯片的内部结构见图 8.5。

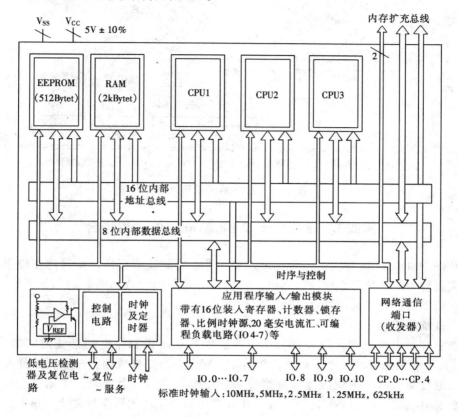

图 8.5　Neuron 芯片内部结构图

每一台 LonWorks 设备中都含有一片 Neuron 芯片，所有获取和处理信息、做出决定、产生输出和传播控制信息、标准协议、使用不同的通信介质所需要的功能都包括在 Neuron 芯片中。图 8.6 为 LonWorks 设备的典型结构。可以看出，Neuron 芯片在其中起着核心的作用。图 8.7 为采用 Neuron 芯片的 LonWorks 设备联网示意图。

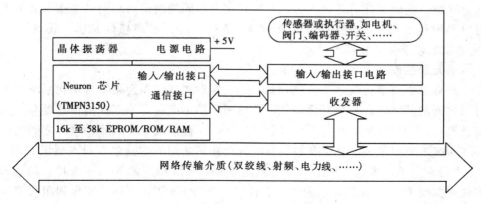

图 8.6　LonWorks 设备的典型结构

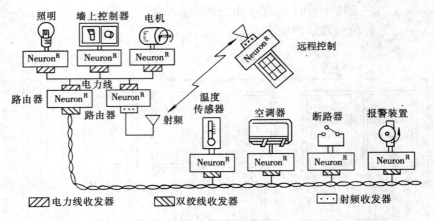

图 8.7 LonWorks 系统示意图

图中标注：照明、墙上控制器、电机、远程控制、电力线、路由器、Neuron^R、射频、温度传感器、空调器、断路器、报警装置

电力线收发器　　双绞线收发器　　射频收发器

第四节　BACNet 和 LonWorks 的适用场合

BACNet 和 LonWorks 都是开放性标准，都具有很好的技术特性，是目前在楼宇自动化系统中应用最为广泛的两个协议；同时，它们都有明显的优点和明显的不足之处，因此，也就有它们各自明确的适用场合。

一、系统级控制

在楼宇自动化系统中，集成在各个子系统中的设备控制器受到系统控制器的控制。HVAC 单元可能被集成为一个子系统，而消防与安全系统则集成为另一个，这样在各个子系统之间进行通讯的能力就成为衡量整个系统互操作性的一个指标。单元级（设备控制器）和系统级（楼宇控制器）之间的互操作性对于整个系统的适应性是十分重要的。

BACNet 不是用于现场总线的通信协议，而是在信息管理方面为实现不同的系统互联而制定的标准，具有比 LonWorks 更为大量的数据通讯，运作高级复杂的大信息量，有更强大的过程处理、组织处理能力。它能够通过高速局域网和 ARCNET、Ethernet 和 Ethernet/IP 等广域网高效地传送数据。在系统级控制器之间通信时，BACNet 能很好地工作，允许各子系统（如 HVAC 系统和消防报警系统）之间进行通信，以及通过同一个用户界面共享数据。在涵盖多幢建筑物的集中控制系统中 BACNet 同样工作得很好。对于大型智能建筑，分为几个区域，这时可能有几种不同的系统（来自不同的制造商）同时工作。如果希望在一个用户界面进行整个系统的操作，BACNet 是最经济、最理想的选择。图 8.8 为采用 BACNet 协议的楼宇自动化系统框图。

二、单元级控制

作为现场总线通信协议之一，LonWorks 是在实时控制方面为楼宇自动化系统中传感器和执行器之间的网络化，实现互操作性产品而制定的标准；是控制现场传感器与执行器之间实现互操作的网络标准。在单元级控制器（如热泵控制器和变频驱动器）之间的通讯方面，LonWorks 的效率最高。在设备控制器或智能终端之间的数据包点对点通讯方面，LonWorks 是十分有效的。通过在设备中采用固化有 LonWorks 协议的 Neuron 芯片，制造商能够十分方便地实现 LonWorks 协议。因此，在智能建筑的 HVAC、消防、安保和照明控制等系统中，LonWorks 可以提供一种较为经济的解决方案。在这类应用中，LonWorks 的运用效果

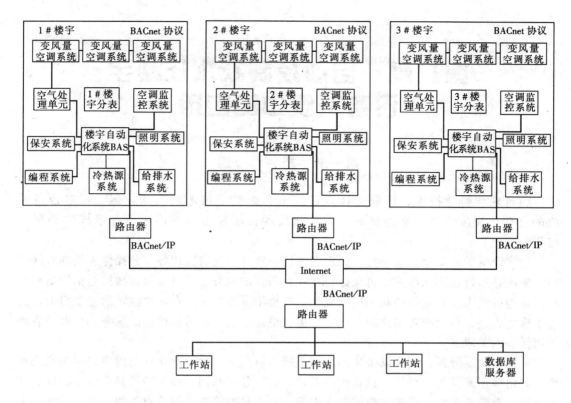

图 8.8 采用 BACNet 协议的楼宇自动化系统

最佳。图 8.9 为采用 LonWorks 的楼宇自动化系统框图

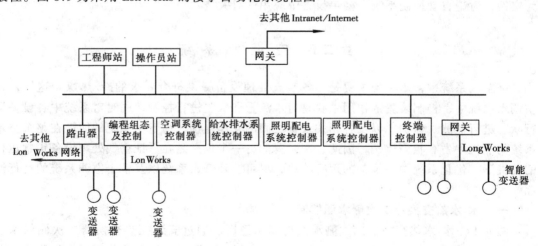

图 8.9 采用 LonWorks 的楼宇自动化系统

总之,BACNet 和 LonWorks 具有不同的适用场合,两者的关系不是竞争而是互补。一般认为,在上层网际互联和系统集成时适用 BACNet,而在实时控制方面,特别是在设备级适合采用 LonWorks,在一个理想的系统中应当同时包含这两种标准。这也是我国有关标准中的推荐做法。

第九章 自动控制技术在楼宇设备系统中的应用

第一节 概 述

随着现代科学技术、特别是计算机技术和微电子技术的迅速发展，楼宇设备系统的自动化程度也在不断地提高，自动化技术在越来越多的楼宇设备系统中得到了应用。

楼宇设备的自动化，就是在相关设备中用一些自动化装置代替部分操作人员的直接劳动，使设备运行在不同程度上自动进行。在有条件的地方，还可以通过数据通信网络将这些设备连接起来，对运行的状态进行优化。在楼宇设备中采用自动化技术的主要目的，是为了建立先进、科学的管理体制，向客户提供更加安全、舒适和快捷的服务，同时节省能源消耗和人工成本。

从控制角度分析，楼宇设备中的空调系统、特别是现代智能化办公楼中的中央空调系统，其组成形式各异，系统内设备种类繁杂，特性各不相同，整个系统具有多干扰性、多工况性、参数相关性、受控对象的数学模型一般不易准确求取等特点，加之空调系统的全年能耗在整个建筑能耗中占有相当大的比例，因此本章主要以中央空调系统中的各种设备为实例，讨论自动控制系统在楼宇设备中应用的有关技术。

第二节 空调水系统

在空调系统中，水系统主要是为各空气处理设备提供符合要求的冷/热媒。这样，在空调水系统中，控制装置的作用主要是对水流量和水温进行控制，同时对系统中各设备运行状态进行监测、保护，以及各相关设备之间的动作连锁。由于水系统的能耗在整个空调系统的能耗中占有相当比例，因此控制装置的另一个任务是在保证空气处理设备正常运行的前提下，优化系统中各设备的运行策略，尽可能降低水系统以及整个空调系统的运行能耗。

一、水-水热交换器二次侧水温控制

图 9.1 为水-水热交换器二次侧水温控制示意图。通过安装在热交换器二次侧供水管上的温度传感器测量供水温度，由控制器 T-1 控制一次侧回水管上调节阀 V-1 的开度，调节一次侧的流量，从而使得二次侧的供水温度保持恒定。考虑到热交换器的热惯性比较大，为了减少水温波动，控制器 T-1 一般可选用 PID 控制器，在要求不高的情况下，也可以采用 PI 控制器。

二、两管制水系统季节转换控制

图 9.2 为两管制水系统季节转换控制示意图。控制器通过温度传感器（两者在图中均

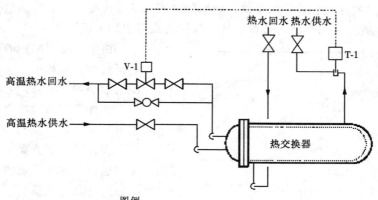

图例:
T-1: 毛细管式自动温度控制器
V-1: 高温热水调节阀

图 9.1 水-水热交换器二次侧水温控制

未示出)测量室外气温,在到达转换阈值时通过转换开关 S-1 操控三通阀 V-1,使得回水通过加热器或冷水机组,从而为空调系统提供合适的冷热源。在过渡季节时,也可以关闭三通阀,同时停止水泵的运转,以充分利用新风,达到最大限度节能的目的。

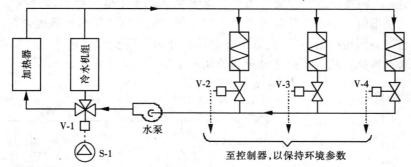

图例:
S-1: 冬季/夏季(采暖/制冷)转换开关
V-1: 三通转换阀,安装在连接到冷水机组和锅炉(加热器)的回水管路上
V-2: 两通调节阀,安装在空调箱中盘管上
V-3: 两通调节阀,安装在空调箱中盘管上
V-4: 两通调节阀,安装在空调箱中盘管上

图 9.2 两管制水系统季节转换控制

这一系统中所采用的控制器应当是带有死区的三位式步进控制器。三个"位(position)"分别对应与冬季、过渡季和夏季,而死区的作用是为了使得当室外气温在转换阈值附近波动时,三通阀不至于频繁操作。另外,控制系统中还应当具备一保护功能,防止当回水温度很高时将其引入冷水机组,而造成冷水机组损坏。

三、差压控制

在空调水系统中经常会用到差压控制。实际上,差压控制只是流量控制的一种手段。由于差压测量比流量测量简单且容易实现,因此,在需要控制流量的场合,往往采用控制差压来控制流量。

图 9.3 是一种比较简单的差压控制方法。当负荷变化时,控制器通过差压传感器 DP-1

测得负载两端（实际上也就是水泵供、回水管之间）的差压变化，然后通过控制旁通调节阀V-1的开度，改变旁通管路的流量，从而保持负载两端的差压不变。

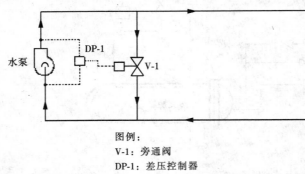

图例：
V-1：旁通阀
DP-1：差压控制器

图 9.3　差压控制之一：旁通阀控制

由于电动控制阀的时间常数和延迟都较小，因此用于这种控制方案的控制器一般采用 PI 控制器就已经足够。在要求不高的场合，甚至可以采用 P 控制器。

在这种控制方案中，水泵始终作定速运行，改变旁通阀开度只是改变了通过负载的流量与通过旁通阀的流量两者之间的比例，从而达到控制流量（指通过负载的流量）的目的，总流量的变化很小，因此这是一种不节能的方案。

由于旁通阀 V-1 的流量特性直接影响控制效果，因此一般不宜采用如蝶阀、球阀等具有快开特性的阀门。另外，还应正确选择旁通阀管路的口径，以防止当旁通阀全开时，由于阻力太小而造成水泵过载。

图 9.4 是另一种差压控制方案。图中二级水泵从供水干管中取水，然后泵送至负载。回水也直接回至干管。如果干管压力发生变化，则二级水泵的供水流量也会发生变化。图中的控制器通过差压传感器 DP-1 测量干管差压，如果发生变化，则通过变频器（图中未示出）改变水泵转速，从而保持通过负载的流量不变。

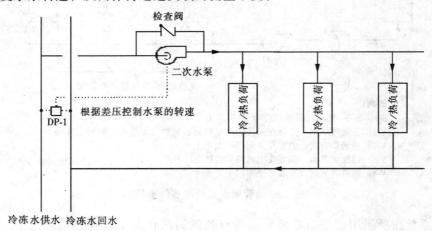

图 9.4　差压控制之二：水泵变频控制

由于变频器和电动机-水泵组的时间常数和延迟都比较小，因此用于这种控制方案的控制器一般可采用 PI 控制器。如果需要控制的是大功率的电动机-水泵组，电机转子和水泵叶轮的转动惯量都较大，使得整个受控对象的时间常数变大，则可采用 PID 控制器。

这一控制方案的最大优点是节能。由于理论上水泵的功耗与转速的三次方成正比，因此通过改变水泵的转速来控制流量可以节约可观的电能。另外，变频器的控制特性也要优于旁通阀。但是，由于变频器的价格要远高于旁通调节阀，因此此设备的初投资较高。

图 9.5 是直接控制流量的方案。控制器通过差压传感器 DP-1 测量负载两端的差压变化，控制调节阀 V-1 的开度来保持差压不变，从而也达到了保持流量不变的目的。

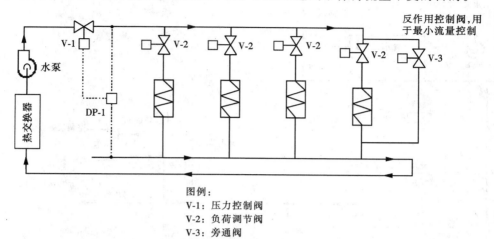

图例：
V-1：压力控制阀
V-2：负荷调节阀
V-3：旁通阀
DP-1：差压传感器/控制器

图 9.5　差压控制之三：直接流量控制

同样，在这一方案中调节阀 V-1 的流量特性将直接影响控制效果，因此应当正确加以选择。根据负载的数量和管路的复杂程度，控制器可采用 PI 控制器或 PID 控制器。

图中调节阀 V-2 用于调整和平衡各支路的流量，V-3 则用于维持一最小流量，以避免当负荷很小时，因调节阀 V-1 接近关闭而使得水泵流量接近为零，从而对水泵造成损害。

当水泵转速不变而流量下降时，水泵的功耗会有一定程度的下降，因此这一方案也有一定的节能效果，但是总的节能效果不如采用变频器调节水泵转速的方案。

四、一次水定流量、二次水变流量控制

图 9.6 是一个一次水定流量、二次水变流量差压控制示意图，其中略去了一、二次水之间的水-水热交换器，以及各水泵进、出水管路上的阀件。由于冷水机组运行的要求，无论负荷大小，一次水流量一般保持不变，因此以下主要讨论通过二次水泵变频调速来控制二次水的流量。

当负荷变化时，电动调节阀 V-1 的开度随之变化，调节水量适应负荷的变化，这样就造成了二次水流量的变化，进而造成二次水泵供、回水管之间的差压发生变化。通过差压传感器 DP-1 测量这一变化，控制器就能够通过控制变频器（图中未示出）的输出频率来调节水泵的转速，保持流量不变。与图 9.5 中的情况类似，这里的控制器可以采用 PI 控制器或 PID 控制器。

这里需要特别说明的是，当二次水泵不止一台时，在控制器的控制策略中必须包括对水泵运行台数的控制，而且应当保证在任何时候都只有一台水泵作变频运行，而其余的水泵或者作全速运行，或者停机，以提高水泵总体运行效率。另外，还必须正确选择投入或切除变频泵的时机。只有当变频泵的流量等于零，同时其扬程恰好等于系统差压时进行切换，才能够避免由于切换造成流量波动或者控制滞后的不良后果。

五、冷却塔水量控制

每一种类型的制冷压缩机都对通过冷凝器的冷却水温度有一定的要求。冷却水温度过

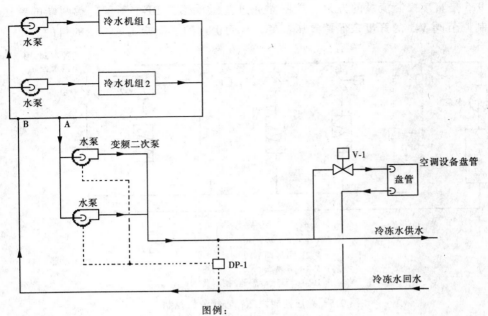

图例：
DP-1：差压传感器/控制器
V-1：空调箱盘管两通阀

图 9.6　一次水定流量、二次水变流量控制

高，则将增加压缩机的功耗，严重时还会影响其使用寿命；冷却水温度过低，尽管对压缩机的运行有利，但是却增加了冷却水的流量和冷却塔运行的数量，同样也不节能。

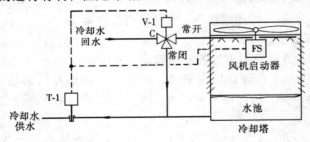

图例：
T-1：冷凝器供水温度调节器
V-1：三通换向阀

图 9.7　冷却塔水量控制

图 9.7 中的简单控制系统通过温度传感器 T-1 测量冷却水的供水温度（即冷却塔的回水温度），调节电动三通阀 V-1，使一部分冷却水直接旁路而不经过冷却塔，这样就在保证冷却水温度的前提下，能够尽量降低泵送冷却水的能耗。

应当指出，制冷压缩机的功耗要远大于冷却水泵。因此，只有在确信继续降低冷却水温度已经对压缩机功耗的影响很小时，才可采用本方法减少冷却塔的水流量，以进一步节能。这就要求根据各种不同类型的制冷压缩机和实际运行工况，对电动三通阀开始减小冷却塔水流量的设定温度值仔细加以确定。

第三节　空　调　箱

空调箱是空调系统中常用的空气处理设备。在空调箱中，一般安装有对空气进行过滤、冷却、加热、去湿、加湿处理和输送的设备。因此，对空调箱的控制包括空气处理过程的控制、空气流量的控制、各处理设备的运行状态监测及保护以及各设备之间的动作连锁。

一、空调箱之一（全新风、单风机、单风道、定风量）

图 9.8 是一空调箱的控制示意图，当温度控制器 T-3 的传感器安装在送风机出口处的风管内时，它可以作为一个新风处理箱；如果如图所示将温度传感器安装在室内，那么整个系统将是一个全新风空调系统。

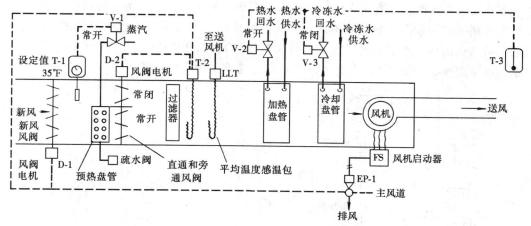

图例：
T-1：毛细管式双位温度控制器　　　　V-3：冷却盘管两通调节阀（常闭）
T-2：毛细管式温度调节器　　　　　　D-1：双位式新风风阀驱动电机
T-3：室内温度调节器　　　　　　　　D-2：直通和旁通风阀驱动电机
V-1：双位式预热蒸汽盘管控制阀　　　EP-1：电磁式风阀
V-2：加热盘管两通调节阀（常开）　　LLT：低温防冻温度控制器

图 9.8　空调箱之一

　　无论是作为新风处理箱还是全新风空调系统，温度控制部分都是比较简单的。温度控制器 T-3 根据传感器测量的温度值与给定值进行比较、运算，将控制指令送到冷水盘管调节阀 V-3 或热水盘管调节阀 V-2，控制盘管中的冷/热水流量，对空气进行冷却或加热，最终将空气温度保持在给定值附近。

　　如果是新风处理箱，因为从冷/热水盘管到温度传感器的距离很短，盘管对空气进行处理的效果很快就能被温度传感器感知，其间的延迟和时间常数都较小，控制器可以采用 PI 控制器；如果经过处理的空气还要由其他空气处理设备进行二次处理，因而对送风温度的要求不太高，甚至也可以采用 P 控制器。但是，如果是全新风空调系统，温度传感器安装在室内，经过处理的空气要经过送风管道的输送，进入室内后还要经过一个掺混过程后，效果才能被温度传感器感知，其间的延迟和时间常数都较大，这时控制器一般应采用 PID 控制器。在要求较高的场合，可以考虑采用前馈-反馈控制系统，在送风机出口和室内分别安装温度传感器，将送风机出口处的温度波动作为扰动因素，由前馈回路进行补偿、纠正，而室内温度的变化则由反馈回路进行调节。

　　除了温度控制部分以外，图 9.8 中的系统还包括了一些保护和连锁装置。其中位于新风进口处的 D-1 是一个双位式电动风阀，它通过电磁开关与送风机连锁。当风机启动时，进口风阀打开；而当风机停止时，风阀关闭。温度控制器 T-1、蒸汽电磁阀 V-1 与温度控制器 T-2、电动调节风阀 D-2 构成了新风预热控制部分。当新风温度降低到设定值（图中为 35°F）以下时，控制器 T-1 将蒸汽阀 V-1 打开，对新风进行预热。控制器 T-2 通过安装在过滤器后的温度传感器测量预热后的新风温度，并调节电动风阀 D-2，改变通过新风预热盘管的空气流量，将预热后的新风温度控制在合适的数值上。如果由于其他原因，新风预热部分不能正常工作，则防结霜控制器 LLT 将发出信号，关闭送风机及进口风阀。

二、空调箱之二（带有一次回风、双风机、单风道、定风量）

图 9.9 中的空调箱带有一次回风，装有两台风机分别作为送风机和回风机，这是在全空气空调系统中经常采用的空调箱形式。它的温度控制部分与图 9.8 中的系统大致相同，只是在送风机出口处增加了送风温度下限控制器 T-2，当送风温度低于设定值时及时关闭冷冻水电动阀 V-2，用于因防止送风温度过低而造成室内风口结露。

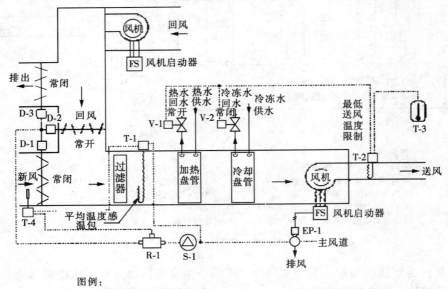

图例：

T-1：毛细管式风道温度调节器　　　　D-1：新风风阀驱动电机
T-2：毛细管式风道温度调节器　　　　D-2：回风风阀驱动电机
T-3：室内温度调节器　　　　　　　　D-3：排风风阀驱动电机
T-4：毛细管式温度调节器　　　　　　EP-1：电磁式风阀
V-1：加热盘管两通调节阀（常开）　　R-1：高值信号选择器
V-2：冷却盘管两通调节阀（常闭）　　S-1：最小开度指示开关

图 9.9　空调箱之二

通过安装在过滤器后的温度传感器，温度控制器 T-1 通过最大新风量限制器 T-4 控制新风风阀 D-1、回风风阀 D-2 和排风风阀 D-3，将新风与回风的混合温度调节到合适的水平。由于温度传感器与调节风阀的距离很近，T-1 采用 PI 控制器即可。同时，控制器 T-1 和 T-4 也构成了空调箱的节能控制器，在条件合适的时候采用全新风运行，达到节能的效果。而 S-1 作为新风风阀最小开度限制器，保证了在严寒或酷热天气条件下的最小新风量。

当风机停止运转后，电磁连锁开关 EP-1 将发出信号，使新风风阀、回风风阀和排风风阀返回其初始位置（一般为新风、排风风阀全关，回风风阀全开）。

在这里，新风风阀、回风风阀和排风风阀的流量特性要经过仔细选择。其中，新风风阀和排风风阀不但要求线性好，而且应当具有互补的流量特性；回风风阀的阻力应当大于新风/排风风阀，以弥补管道阻力的变化。这样做的目的是为了当新风、回风和排风三个风阀联动调节时，无论处于什么位置，送风机和回风机的工作点能够保持基本不变，从而保持风量基本不变。

除了少数例外，我们一般都希望空调房间内维持 5～10Pa 的正压，以防止外界环境的空气渗入，这就要求空调箱的送风量要略大于回风量。由于这是一个定风量系统，只要通过合理设计送、回风管道、选择合适的送、回风机及进行必要的调整，做到这一点并不困难，并不需要根据室内静压对送/回风机的运行进行控制。

三、空调箱之三（带有一次回风、单风机、双风道、定风量）

图 9.10 中的空调箱的最大特点是有两支送风管，这样，为了用一台送风机同时为两支送风管送风，就将送风机安装在了加热/冷却盘管之前。为了稳定室内正压和有利于送风时的混合调节，也可以采用双风机形式，增加回风机。图中三个调节风阀的控制以及它们与风机的动作连锁、新风与回风混合温度的控制等都与图 9.9 中的系统相同。

从加热/冷却盘管开始，空调箱就分为相互独立的两部分，各有自己的盘管、调节阀、温度传感器和温度控制器，它们的控制策略也不相同。

加热盘管控制器 RC-1 通过温度传感器 T-3 和 T-2 分别测量送风温度和新风温度，控制热水流量调节阀 V-1 的开度，根据不同的室外温度（即新风温度）保持不同的热风送风温度；冷却盘管控制器 RC-2 通过温度传感器 T-4 测量送风温度，控制冷水流量调节阀 V-2 的开度，保持冷风送风温度为定值不变。控制器 RC-1 和 RC-2 一般只需要采用 PI 控制器

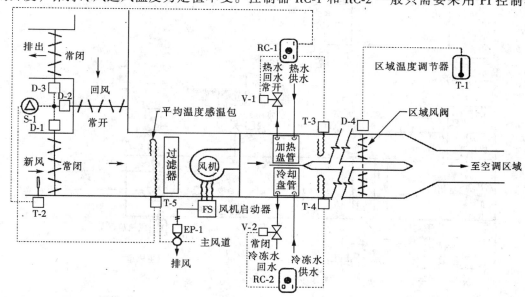

图例：

T-1：区域室内温度调节器	D-2：回风风阀驱动电机
T-2：室外空气温度主传感器	D-3：排风风阀驱动电机
T-3：热风温度传感器	D-4：区域调节风阀驱动电机
T-4：冷风温度传感器	EP-1：电磁式风阀
T-5：混合空气控制器	RC-1：信号接收器/控制器
V-1：加热盘管两通调节阀（常开）	RC-2：信号接收器/控制器
V-2：冷却盘管两通调节阀（常闭）	S-1：最小开度指示开关
D-1：新风风阀驱动电机	

图 9.10 空调箱之三

即可。考虑到冷、热风在送入房间前还要进行混合，因此也可以考虑采用最简单的 P 控制器。

在冷、热风送入房间以前，温度控制器 T-1 根据室内温度传感器的测量值，控制调节风阀 D-4 的开度（D-4 实际上是两个调节风阀，用一台电动执行器驱动，两个风阀成反比例调节），改变进入房间的冷、热风的比例，从而在送风量不变的前提下改变送风温度，最终保持室内温度为设定值。由于直接将室内温度作为控制对象，它的时间常数和延迟都较大，扰动因素也较多且不确定，因此温度控制器 T-1 一般采用 PID 控制器。

双风道系统的最大优点是能够在保持送风量基本不变的前提下，通过对冷、热风比例的调节，用一个空调箱满足不同的室内负荷及参数要求，而且系统的控制也比较简单。但是，用冷、热两根风道调节送风温度的方法，必然存在混合损失，一般其空调负荷要比单风道系统增加 10% 左右。应当说，这是一种易于控制、但不节能的系统。

四、空调箱之四（带有一次回风、双风机、单风道、变风量）

除了风量调节部分之外，下图中的空调箱与图 9.9 中所示的空调箱完全相同，风阀与送风温度的控制及风阀与风机之间的动作联锁也完全相同，这里不再赘述。

在图 9.11 所示的系统中，对送风量的控制是通过控制器 RC-3、RC-4、静压传感器

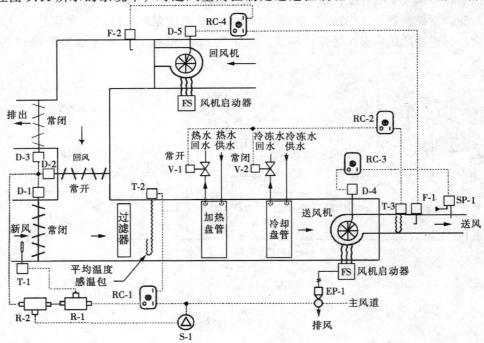

图例：
T-1：毛细管式温度调节器	D-3：排风风阀驱动电机	R-2：高值信号选择器
T-2：毛细管式风道温度调节传感器	D-4：送风机入口导叶驱动电机	RC-1：信号接收器/控制器
T-3：毛细管式风道温度调节传感器	D-5：回风机入口导叶驱动电机	RC-2：信号接收器/控制器
V-1：加热盘管两通调节阀（常开）	EP-1：电磁式风阀	RC-3：信号接收器/控制器
V-2：冷却盘管两通调节阀（常闭）	F-1：送风风量传感器	RC-4：信号接收器/控制器
D-1：新风风阀驱动电机	F-2：回风风量传感器	S-1：最小开度指示开关
D-2：回风风阀驱动电机	R-1：高值信号选择器	SP-1：静压传感器

图 9.11　空调箱之四（一）

SP-1、风量传感器 F-1、F-2 和电动调节导叶 D-4、D-5 实现的。安装在送风机出口处的静压传感器 SP-1 测量风道内的静压并将信号送至控制器 RC-3，控制器将静压测量值与设定值进行比较、运算后，发出指令改变电动调节导叶 D-4 的角度，从而改变送风机的风量，这也就改变了风道内的静压，最终使得静压值保持在设定值附近。显然，这是一个定静压、变风量的系统。

从变风量空调系统实际运行控制的角度来看，静压传感器安装在送风机出口处是不恰当的。静压测点应当设置在离送风机足够远的地方，这样就能使得当任何一台末端装置的风量发生变化时，都能够对管道内的静压值产生影响。测点的具体位置则应当根据实际的风道布置形式而定。

由于图 9.11 中所示系统是一个双风机系统，如果送风机的风量发生变化，则回风机的风量应当随之发生变化，否则难以维持室内正压不变。为了达到这个目的，系统中在送风机出口处和回风机出口处安装了风量传感器 F-1 和 F-2，分别测量送、回风机的风量，并送到控制器 RC-4 进行比较。控制器 RC-4 通过控制回风机入口电动调节导叶 D-5 改变风量，使之与送风机风量始终保持一个合适的差值，从而实现送、回风机风量的同步变化。

实现送、回风机风量同步变化的另一种方法见图 9.12。与图 9.11 相比，这里省去了

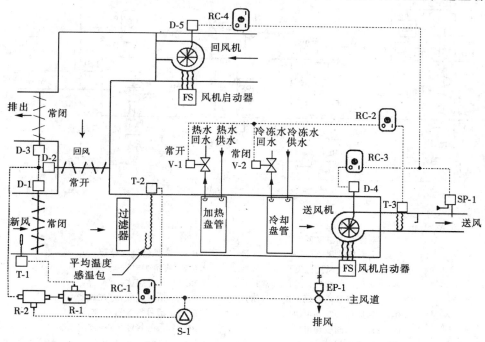

图例：

T-1：毛细管式温度调节器	D-2：回风风阀驱动电机	R-2：高值信号选择器
T-2：毛细管式风道温度调节传感器	D-3：排风风阀驱动电机	RC-1：信号接收器/控制器
T-3：毛细管式风道温度调节传感器	D-4：送风机入口导叶驱动电机	RC-2：信号接收器/控制器
V-1：加热盘管两通调节阀（常开）	D-5：回风机入口导叶驱动电机	RC-3：信号接收器/控制器
V-2：冷却盘管两通调节阀（常闭）	EP-1：电磁式风阀	RC-4：信号接收器/控制器
D-1：新风风阀驱动电机	R-1：高值信号选择器	S-1：最小开度指示开关
		SP-1：静压传感器

图 9.12　空调箱之四（二）

风量传感器，送、回风机的导叶控制器根据同一个静压传感器 SP-1 测量的管道内静压值直接调节导叶角度。如果送、回风机的特性经过选配，而且控制器 RC-3 与 RC-4 的控制规律在现场经过准确的调试，这种方案同样可以实现送、回风机风量的同步变化。

五、空调箱之五（带有一次回风、送风机＋排风机、单风道、变风量）

另一种送、回风机风量同步调节的方案见图 9.13，这里的风量调节直接以室内静压作为依据。当室内负荷发生变化时，末端装置调节送风量，造成室内静压发生变化。这一变化被静压传感器感知并同时送至控制器 RC-3 和 RC-4。RC-3、RC-4 根据静压值分别调节送、排风机入口的电动调节导叶 D-4、D-5，从而实现送、排风机风量的同步变化。

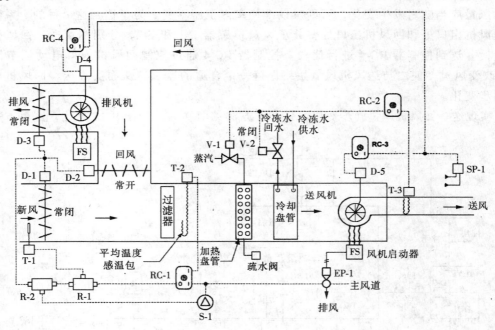

图例：

T-1：毛细管式温度调节器	EP-1：电磁式风阀
T-2：毛细管式风道温度调节传感器	R-1：高值信号选择器
T-3：毛细管式风道温度调节传感器	R-2：高值信号选择器
V-1：蒸汽盘管两通调节阀（常开）	RC-1：信号接收器/控制器
V-2：冷却盘管两通调节阀（常闭）	RC-2：信号接收器/控制器
D-1：新风风阀驱动电机	RC-3：信号接收器/控制器
D-2：回风风阀驱动电机	RC-4：信号接收器/控制器
D-3：排风风阀驱动电机	S-1：最小开度指示开关
D-4：排风机入口导叶驱动电机	SP-1：静压传感器
D-5：送风机入口导叶驱动电机	

图 9.13　空调箱之五

　　除了送、排风机的特性需要经过选配，而且控制器 RC-3 与 RC-4 的控制规律要在现场经过准确的调试以外，这里还需要特别注意室内静压传感器的安装位置。这个静压传感器实际上是一个差压传感器，它有两个测压点，一个在室内，另一个在室外。其中室内测压点的位置应当设置在气流稳定、压力均衡的地方，远离大门、电梯、楼梯间和送、回风口；室外测压点应当根据建筑物的形状加以选择，避开常年主导风向，并进行适当遮蔽以尽量减少风的影响。在有条件的地方可以设置多个室内、外测压点，首先在各个测压点的测量值中剔除明显不合理的数据，再将余下的数据进行平均后加以采用，以尽量减少各种干扰的影响。

另外，除了通过改变风机入口导叶的角度来调节风量以外，现在越来越多地采用通过变频器直接改变风机的转速来调节风量。尽管采用变频器调速将增加初投资，但后一种方式比前一种更加节能，风量的调节范围也更大。从图 9.14 中可以看出不同风量调节方式的能耗情况。

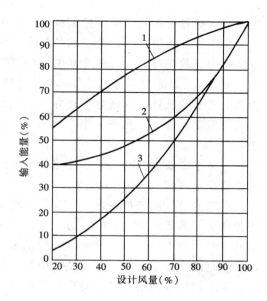

图 9.14 各种风量调节方法的能耗比较
1—风机出口风阀调节；2—风机入口导叶调节；
3—风机转速调节

六、恒温恒湿空调箱（带有一次回风、单风机、单风道、定风量）

图 9.15 是一个恒温恒湿空调箱的控制示意图。图中风阀控制、风机与风阀的动作连

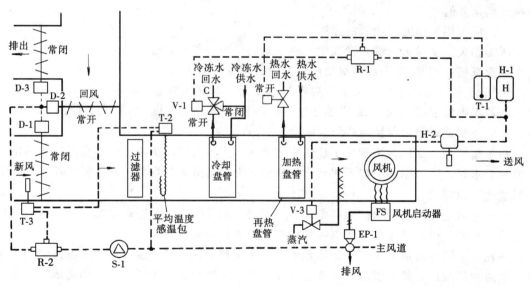

图例：
T-1：室内温度调节器
T-2：毛细管式风道温度调节传感器
T-3：毛细管式温度调节器
H-1：室内湿度调节器
H-2：风道湿度上限调节器

V-1：冷却盘管冷冻水三通混合阀
V-2：再热盘管热水阀（常开）
V-3：加湿器蒸汽调节阀（常闭）
D-1：新风风阀驱动电机
D-2：回风风阀驱动电机

D-3：排风风阀驱动电机
EP-1：电磁式风阀
R-1：高值信号选择器
R-2：高值信号选择器
S-1：最小开度指示开关

图 9.15 恒温恒湿空调箱

锁以及加热盘管的热水流量控制都与图9.9中相同。

由于冷却盘管除了降低空气的温度以外，还具有一定的去湿作用，因此，在恒温恒湿空调箱中，控制冷却盘管的冷冻水流量的指令，将同时来自室内温度控制器 T-1 和室内湿度控制器 H-1。通过信号选择器 R-1 的选择，两者中较大的数值将被送到电动三通阀 V-1，调节冷冻水的流量。这就意味着为了降低送风的湿度以满足室内的湿度要求，将会同时降低送风温度。因此，除非采用二次再热，在夏季恒温恒湿空调箱将不能保证送风温度不变。

当冬季需要加湿时，湿度控制器 H-1 控制蒸汽加湿器的电动调节阀 V-3，调节蒸汽流量以满足室内的湿度要求。

在室内空气的各项参数中，温度和相对湿度并不是相互独立的，而是有一定程度的互相关联。当调节一个参数时，另一个也会随之发生变化。这种"耦合"现象，在恒温恒湿空调箱的控制中应当引起注意。一般说来，如果两个参数的时间常数相差很大，则仍然可以看做是两个独立变量进行控制；但是，如果室内温度和相对湿度的时间常数相差不大，则要采取解耦控制的方法，防止发生振荡。

第四节 变 风 量 末 端

末端装置是变风量空调系统中的关键设备，通过它来控制送风量，补偿室内负荷的变化，保持室温不变。一个变风量系统运行成功与否，在很大程度上取决于末端装置性能的好坏，以及末端装置与整个系统之间的协调工作。在这两个方面，变风量末端的控制部分都将起到重要的作用。

一、压力相关型变风量末端控制

压力相关型变风量末端是变风量末端中最简单的一种，它甚至可以完全由机械部件构成，在没有任何电气/电子部件协助的情况下实现控制功能。

图9.16是压力相关型变风量末端控制示意图。温度控制器 T-1 根据温度传感器的信号，随着室内温度的变化不断发送指令到控制风阀驱动电动机 D-1，改变控制风阀的开度，从而改变送风量以保持室内温度不变。

在冬季，如果变风量末端位于建筑物的外区，当控制风阀关至最小但仍不能满足室内温度的要求时，则控制器会向再热蒸汽调节阀 V-1 发出指令，将其打开并调节开度，使室内温度达到设定值。

由于室内空气与家具等的热容量较大，加之一般采用变风量空调系统的场合对温度控制的要求较高，因此这里的控制器一般均选用 PID 控制器。

显然，上图中变风量末端的送风量不但取决于控制风阀的开度，同时也取决于一次风送风管道内的静压。如果管道静压发生变化，则送风量也会发生变化，进而造成室内温度的变化。因此这种末端被称为"压力相关型"。由于压力相关型变风量末端的送风量与一次风送风管道的静压有关，因此它只能用于定静压系统中。

二、压力无关型变风量末端控制

压力无关型变风量末端的结构与压力相关型相差不大，只是增加了一个风量传感器，但是控制方式却完全不同。

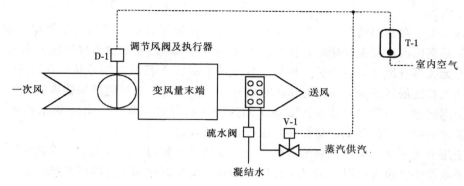

图例：
T-1：室内温度调节器
V-1：蒸汽盘管调节阀
D-1：变风量末端调节风阀驱动电机

图 9.16　压力相关型变风量末端控制

图 9.17 是压力无关型变风量末端控制示意图，其中冬季送风再热控制（这里使用的是热水盘管）与压力无关型相同，但是风量控制部分却大不一样。温度控制器 T-1 发出的控制指令并不是直接送往控制风阀，而是送往风量控制器 F-1 作为它的给定信号；风量控制器将温度控制器送来的信号与风量传感器检测到的信号进行比较、运算，然后得到控制信号送往控制风阀，改变其开度。显然，这是一个典型的串级控制系统，其中风量控制是副环，温度控制是主环。

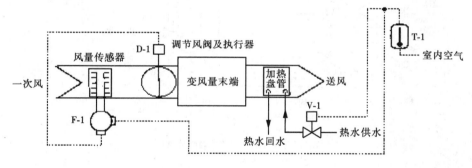

图例：
T-1：室内温度调节器
V-1：热水盘管调节阀
D-1：变风量末端调节风阀驱动电机

图 9.17　压力无关型变风量末端控制

根据串级控制系统中控制器选择的一般原则，同时考虑到冬季进行再热控制的要求，风量控制器（副控制器）可采用 P 控制器，而温度控制器（主控制器）一般采用 PID 控制器。

由于系统中增加了一个风量控制回路，因此当一次风送风管的静压发生变化时，变风量末端送风量的变化将立即被风量传感器感知，并在尚未影响室内温度前被风量控制回路纠正，这样送风管静压的变化将不会影响送风量，这也就是这种末端被称为"压力无关型"的原因。

另外，由于在相同情况下，串级控制系统的主环的等效增益要远大于简单控制系统，因此即使是室内温度发生变化时，压力相关型变风量末端的控制效果要比压力无关型好。

压力无关型变风量末端的另一种控制方案是采用前馈-反馈控制系统。在这种方案中，是将末端入口处的静压变化作为对送风量的一种主要扰动，通过前馈回路来进行补偿，而温度控制则通过反馈回路来实现。如果采用这种控制方案，则在图 9.17 所示的压力无关型变风量末端中，风量传感器将被一静压传感器所取代。

由于压力无关型变风量末端的送风量与一次风送风管道的静压无关，因此它既可以用于定静压系统中，也可以在增加一个控制风阀开度传感器后用于变静压系统中。

三、并联风机动力式压力无关型变风量末端控制

图 9.18 是并联风机动力式压力无关型变风量末端控制示意图。从控制角度看，除了增加一台风机及其启/停控制开关外，它与上述普通压力无关型变风量末端的控制并无明显区别。

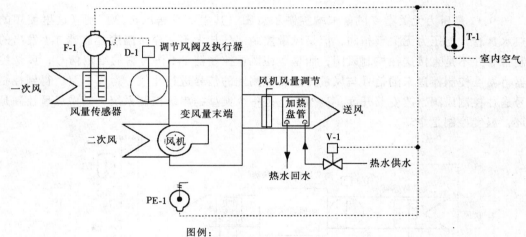

图例：
T-1：室内温度调节器
V-1：热水盘管调节阀
D-1：变风量末端调节风阀驱动电机
PE-1：压力/电气开关
F-1：风量控制器

图 9.18　并联风机动力式压力无关型变风量末端控制

在变风量末端中增加风机的主要原因，是由于当控制风阀的开度较小时，变风量末端的送风速度降低，对室内空气的诱导卷吸作用相应减弱，造成二次回风量减少；同时，送风速度降低后，对室内空气的掺混作用也相应减弱，将不利于室内气流组织和冷、暖空气的充分混合。增加风机以后，对于二次回风而言，有了一个固定的回风量；对于送风而言，也有了一个基本的送风量。这样就可以解决以上两个问题。但是，由于风机需要消耗功率，因此整个系统的节能效果将会有一定程度的降低。因此在采用并联风机动力式变风量末端时，风机往往不是连续运行的，而是只有当一次风风量下降到一定程度后才开启风机，以尽量节约风机能耗。

在并联风机动力式变风量末端中，只有二次回风通过风机，因此它的二次回风量是固

定的，而一次风的风量则是根据室内温度以及管道内静压的变化而变化的，因此，它的送风量是变化的。

在另外一种称为串联风机动力式变风量末端中，所有经过变风量末端的空气，包括一次风和二次回风，都通过风机送出。当室内温度或管道内静压发生变化时，控制器通过调节一次风和二次回风的比例，改变送风温度，最终达到保持室内温度不变的目的。因此，在串联风机动力式变风量末端的中，一次风量和二次回风量都是变化的，而送风量是固定的。与并联式的不同，串联风机动力式变风量末端的风机是连续运行的，因此在相同情况下，采用串联风机动力式变风量末端的系统，功耗要比采用并联式的大。

无论是并联式还是串联式，变风量末端中的风机一般都是可以调速的。但是通常只是在系统调试时，在额定工况下根据一次风和二次回风的比例（并联式）或送风量（串联式）进行调整，调好后就固定不变，并不要求在运行时作调速控制。

目前已经出现了通过直接改变风机转速调节送风量的风机动力式变风量末端。在这种类型的末端中，取消了调节风阀，末端风机根据室内温度控制器的指令改变转速，从而改变送风量，适应室内负荷的要求。与固定风机转速的风机动力式变风量末端相比，理论上这种末端更加节能。但是由于采用这种变风量末端的工程实例尚少，而且影响变风量系统能耗的因素很多，因此其效果仍待进一步观察、研究。

第五节　变 风 量 系 统

变风量空调系统是以节能为目的发展起来的一种空调系统形式，随着空调技术、电气技术和自动控制技术特别是计算机控制技术的发展，变风量系统在实际工程中得到了越来越多的使用。变风量系统是楼宇设备系统中采用自动控制技术最集中的场合，也是最难以控制的对象之一。变风量空调系统的控制不但涉及到空调箱和变风量末端的控制问题，更涉及到空调箱与末端之间的相互作用、各末端之间的耦合作用以及整个系统的控制策略等问题。以下我们讨论目前经常采用的三种变风量系统控制方法。

一、定静压控制方法

定静压控制方法的主要原理是：当室内负荷发生变化时，室温相应发生变化。室温的变化由温度传感器感知并送到变风量末端装置控制器，调节末端装置的控制风阀开度，改变送风量，跟踪负荷的变化。随着送风量的变化，送风管道中的静压也随之发生变化。这一静压变化由安装在风道中某一点（或几点取平均值）的静压传感器测得并送至静压控制器。静压控制器根据静压实际值和设定值的偏差调节变频器的输出频率，改变风机转速，从而维持静压不变。同时，还可以根据不同季节、不同需要改变送风温度，满足室内环境的舒适性要求。定静压控制方法的原理图见图 9.19。

从上图中可知，在定静压系统中，室内温度的控制与风道静压的控制是两个相互独立的控制回路。尽管通过风机转速这一中间参数，两者之间有一定的耦合关系，但是只要这两个回路的时间常数不在同一个数量级上，并合理选择采样周期，仍然能够防止持续振荡的产生。

定静压控制方法是变风量系统的一种传统的控制方法，系统简单，概念清楚，直到今天仍然在实际工程中被广泛采用。只要经过仔细的调试，采用定静压控制方法的变风量空

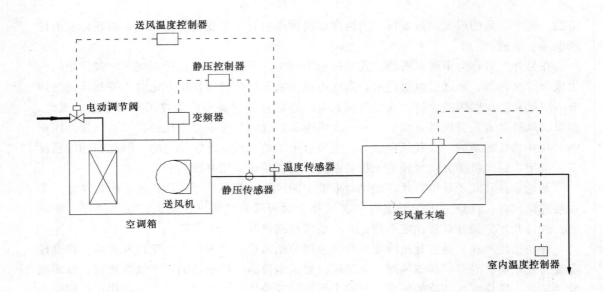

图 9.19 定静压控制方法原理图

调系统能够取得预期的运行效果。

定静压控制方法的主要缺点有两个，（1）静压测点的位置难以确定。静压测点位置的选择原则在空调系统的设计手册中多有论述，但因实际系统形式各异，难以"以不变应万变"。（2）风道静压的最优设定值难以确定。为了保证在最大设计负荷时，系统中处于"最不利点"的末端装置仍有足够的风量并留有一定的裕量，系统设计时往往将静压设定值取得较高，增加了风机能耗。当系统在部分负荷下运行时，末端装置的风阀开度较小，使得气流通过时噪声较大，且因送风量降低而造成室内气流组织变坏，并可能造成新风量不足。

二、变静压控制方法

为了解决上述定静压控制方法的缺点，后又提出了变静压控制方法。所谓变静压控制方法，就是利用压力无关型变风量末端中的风阀开度传感器，将各台末端的风阀开度送至风机转速控制器，控制送风机的转速，使任何时候系统中至少有一个变风量末端装置的风阀接近全开。图 9.20 是变静压控制方法原理图。

变静压控制方法的主要思想是：利用压力无关型变风量末端的送风量与风道压力无关的特点，在保证处于"最不利点"处末端送风量的前提下，尽量降低风道静压，从而降低风机转速，节约风机能耗。

变静压控制方法的控制策略一般为：

1. 如果至少有一个末端的风阀开度大于 95%，则表明风道静压偏低，应提高风机转速设定值；

2. 如果至少有一个末端的风阀开度在 75% 到 95% 之间，则表明风道静压适合当前系统的运行要求，应保持当前风机转速设定值不变；

3. 如果所有末端的风阀开度都小于 75%，则表明风道静压偏高，应降低风机转速设定值。

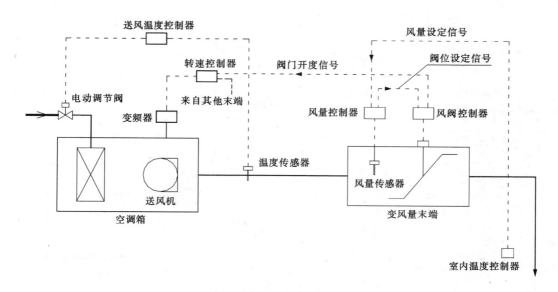

图 9.20　变静压控制方法原理图

与定静压控制方法相比，变静压控制方法的主要优点是：（1）解决了定静压控制方法中静压传感器的位置和数量问题，同时节省了风道静压控制系统的投资。（2）在变静压控制方法中，风机转速控制实际上是分级控制，而不是连续控制，降低了控制系统的复杂程度。（3）与定静压系统相比，节能效果更加明显。

变静压控制方法的缺点是：（1）因为变静压控制方法要求采用压力无关型末端装置，末端装置的成本相应增加。（2）当风道静压改变后，由于压力无关型末端的特点，实际上系统中所有末端的风阀开度都会发生变化，而这一变化又会反过来造成风机转速和风道静压的变化。由于风道静压变化→风阀开度变化的时间常数与风阀开度变化→风机转速变化→风道静压变化的时间常数往往处于同一数量级，系统容易发生小幅高频振荡，使得风机转速和末端风阀开度始终在进行无谓的微小调节。

三、总风量控制方法

总风量控制方法是在变静压控制方法的基础上发展起来的一种变风量系统控制方法。在变静压控制方法中，当室内温度发生变化后，温度控制器给出一个风量设定信号，在风量控制器中与实际风量进行比较、计算后，给出阀位设定信号，送往风阀控制器改变风阀开度，从而达到改变风量的目的。与此同时，风阀控制器还给出一个阀门开度信号，提供给风机转速控制器作为调节风机转速的依据。

从上述过程中可以看出，温度控制器已经给出了风量设定信号，但是最后用于风量调节（即风机转速调节）的依据却是风阀开度，而不是实际风量。由此就想到，如果将任一时刻系统中各末端的风量设定信号直接相加，就能够得到当时的总风量需求值，这一风量需求值即可作为调节风机转速的依据，而不再需要通过风阀开度这一参数来过渡。这就是总风量控制方法的基本思想。总风量控制方法原理图见图 9.21。

需要指出的是，在理想情况下，系统中所有末端的风阀都同时等比例进行调节，这时只要将各末端的设定风量直接相加，就能够得到总风量需求值，并以此作为调节风机转速的依据。但是在实际运行条件下，由于室内负荷的离散性和不确定性，各末端的风阀极少

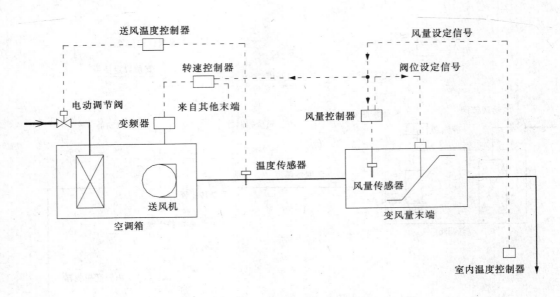

图 9.21　总风量控制方法原理图

出现同时等比例调节的情况，同时由于风道的沿程阻力不可忽略，这时如果仍然直接采用各末端设定风量之和作为调节风机转速的依据，可能会造成某些处于不利位置的末端风量不足。因此，仍然需要对各末端的风量设定信号进行必要的分析、处理后才能作为调节风机转速的依据，而不是简单相加。

　　总风量控制方法最大的优点是在控制性能上具有快速、稳定的特点，由于在系统控制中完全不涉及风道静压这一参数，也就避免了变静压控制方法很难避免的发生高频小幅振荡的缺点。同时，总风量控制方法源自变静压方法，在相同情况下，系统风道静压和风机转速均处于定静压方式与变静压方式之间，而更接近于变静压方式，同样具有较好的节能效果。另外，总风量控制方法不需要阀位信号，在末端中就不需要设置风阀阀位变送器，降低了设备投资。

　　当然，总风量控制方法也有其缺点。首先，在三种变风量控制方式中，总风量方式的末端间耦合程度最强。这表现在如果系统中有某一个末端的风阀开度发生幅度较大的突变，则要经过相当长的时间后，系统才能达到新的平衡。如果情况比较严重，就必须采用解耦控制的方法，提高了控制算法和系统调试的复杂程度。其次，总风量控制方法在控制性能上具有快速响应的优点，但是也有其超调量较其他两种方法为大的缺点。另外，为了避免某些处于不利位置的末端风量不足，在相同情况下系统运行时的风道静压和风机转速都比变静压系统高，节能效果也不如变静压系统。

第六节　风　机　盘　管

　　风机盘管是半集中的空气处理设备，由冷、热水盘管和风机组成，通过温度控制器控制盘管的截止阀或三通阀，从而控制冷、热水盘管水流的通、断。风机速度调节通常为有级调速，既可以由人工操作，也可以由温度控制器控制。图 9.22 为几种常见的风机盘管控制方法。

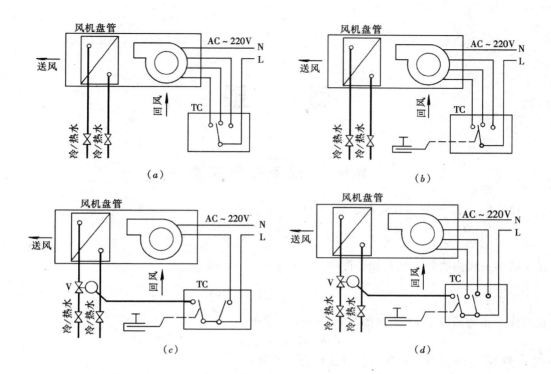

图 9.22　风机盘管控制方法
(a) 手动三速开关控制；(b) 温控三速开关控制；(c) 温控电动阀
控制；(d) 温控电动阀加三速开关控制

　　作为一种局部空调设备，风机盘管对温度控制的精度要求不高，温度控制器也比较简单，最简单的可以通过双金属片温度控制器直接控制电动截止阀的启、闭，从而起到控制温度的作用。在要求较高的场合，可以采用 NTC 元件测温，用 P 或 PI 控制器控制电动调节阀开度和/或风机转速，通过改变冷、热水流量和风量来达到控制温度的目的。当电动调节阀开度和风机转速同时受温度控制器控制时（如图 9.22d），应当保证送风量不低于最小循环风量，以满足室内气流组织的最低要求。

　　无论采用哪一种控制方法，风机盘管的电动截止阀或三通阀都应当与风机开关连锁，当风机停止运转时切断盘管水流。对于四管制的风机盘管，还应当将冷、热水盘管的电动截止阀互锁。

附　　录

附录一　拉普拉斯变换

一、定义

设函数 $f(t)$ 当 $t \geqslant 0$ 时有定义,而且积分

$$\int_0^{+\infty} f(t) e^{-st} dt \quad (s = \sigma + j\omega \text{ 是一个复参量})$$

在 s 的某一域内收敛,则此积分所确定的函数可写为

$$F(s) = \int_0^{+\infty} f(t) e^{-st} dt$$

我们称上式为函数 $f(t)$ 的拉普拉斯变换式,记为

$$F(s) = L[f(t)]$$

$F(s)$ 称为 $f(t)$ 的拉普拉斯变换 (或称为象函数)。

若 $F(s)$ 是 $f(t)$ 的拉普拉斯变换,则称 $f(t)$ 为 $F(s)$ 的拉普拉斯逆变换 (或称为象原函数),记为

$$f(t) = L^{-1}[F(s)]$$

拉普拉斯变换的存在定理　若函数 $f(t)$ 满足下列条件:

1. 在 $t \geqslant 0$ 的任一有限区间上分段连续;

2. 在 t 充分大后满足不等式 $|f(t)| \leqslant M e^{ct}$,其中 M、c 都是实常数 (满足后一条件的函数,称它的增长是指数级的,c 为它的增长指数)。

则 $f(t)$ 的拉普拉斯变换

$$F(s) = \int_0^{+\infty} f(t) e^{-st} dt$$

在半平面 $\mathrm{Re}(s) > c$ 上一定存在。此时右端的积分绝对而且一致收敛,而在这半平面内,$F(s)$ 为解析函数。

二、拉普拉斯变换的性质

1. **线性性质**　若 α、β 是常数,

$$L[f_1(t)] = F_1(s), L[f_2(t)] = F_2(s)$$

则有

$$L[\alpha f_1(t) \pm \beta f_2(t)] = \alpha L[f_1(t)] \pm \beta L[f_2(t)];$$

$$L^{-1}[\alpha F_1(s) \pm \beta F_2(s)] = \alpha L^{-1}[F_1(s)] \pm \beta L^{-1}[F_2(s)]。$$

这个性质的作用是很显然的,它表明函数线性组合的拉普拉斯变换等于各函数拉普拉斯变换的线性组合。

2. 微分性质　若 $L[f(t)] = F(s)$，则有
$$L[f'(t)] = sF(s) - f(0)。$$

推论　若 $L[f(t)] = F(s)$，

则有

$$L[f^{(n)}(t)] = s^n F(s) - s^{n-1}f(0) - s^{n-2}f'(0) - \cdots - f^{(n-1)}(0) \quad (\mathrm{Re}(s) > c)。$$

特别，当初值 $f(0) = f'(0) = \cdots = f^{(n-1)}(0) = 0$ 时，有

$$L[f'(t)] = sF(s), \quad L[f''(t)] = s^2 F(s), \quad \cdots \quad L[f^{(n)}(t)] = s^n F(s)。$$

这个性质使我们有可能将 $f(t)$ 的微分方程转化为 $F(s)$ 的代数方程来求解，因此它对分析线性系统有着重要的作用。

3. 积分性质　若 $L[f(t)] = F(s)$，则有

$$L\left[\int_0^t f(t)\mathrm{d}t\right] = \frac{1}{s}F(s)$$

这个性质表明了一个函数积分后再取拉普拉斯变换，等于这个函数的拉普拉斯变换除以复参量 s。

重复应用上式，就可以得到

$$\underbrace{L\left[\int_0^t \mathrm{d}t \int_0^t \mathrm{d}t \cdots \int_0^t f(t)\mathrm{d}t\right]}_{n次} = \frac{1}{s^n}F(s)$$

4. 位移性质　若 $L[f(t)] = F(s)$，则有

$$L[e^{at}f(t)] = F(s-a) \quad (\mathrm{Re}(s-a) > c)$$

这个性质表明了一个象原函数乘以指数函数 e^{at} 等于其象函数作位移 a。

5. 延迟性质　若 $L[f(t)] = F(s)$，又当 $t < 0$ 时 $f(t) = 0$，则对于任一实数 τ，有

$$L[f(t-\tau)] = e^{-s\tau}F(s),$$

或

$$L^{-1}(e^{-s\tau}F(s)) = f(t-\tau)。$$

这个性质表明，时间函数延迟 τ，相当于它的象函数乘以指数因子 $e^{-s\tau}$。

6. 初值定理　若 $L[f(t)] = F(s)$，且 $\lim\limits_{t \to 0} sF(s)$ 存在，则

$$\lim_{s \to 0} f(t) = \lim_{s \to \infty} sF(s),$$

或写为

$$f(0) = \lim_{s \to \infty} sF(s)。$$

这个性质表明函数 $f(t)$ 在 $t = 0$ 时的函数值可以通过 $f(t)$ 的拉普拉斯变换 $F(s)$ 乘以 s，然后再取 $s \to \infty$ 时的极限值而得到。它建立了函数 $f(t)$ 在坐标原点的值与函数 $sF(s)$ 在无限远点的值之间的关系。

7. 终值定理　若 $L[f(t)] = F(s)$，且 $\lim\limits_{t \to +\infty} f(t)$ 存在，则

$$\lim_{t \to +\infty} f(t) = \lim_{s \to 0} sF(s)$$

或写为

$$f(\infty) = \lim_{s \to 0} sF(s)。$$

这个性质表明函数 $f(t)$ 在 $t \to +\infty$ 时的函数值（即稳态值），可以通过 $f(t)$ 的拉普拉斯变换 $F(s)$ 乘以 s，然后再取 $s \to 0$ 时的极限值而得到。它建立了函数 $f(t)$ 在无限远点的

值与函数 $sF(s)$ 在坐标原点的值之间的关系。

三、拉普拉斯变换对照表

<table>
<tr><td colspan="2" align="center">拉普拉斯变换对照表</td><td align="right">附表 1</td></tr>
<tr><td align="center">$F(s)$</td><td colspan="2" align="center">$f(t), 0 \leqslant t$</td></tr>
<tr><td>1. 1</td><td colspan="2">$u_1(t)$ 单位脉冲在 $t=0$ 时</td></tr>
<tr><td>2. $\dfrac{1}{s}$</td><td colspan="2">1 或 $u(t)$ 单位阶跃在 $t=0$ 时</td></tr>
<tr><td>3. $\dfrac{1}{s^2}$</td><td colspan="2">t 或 $tu(t)$ 斜坡函数</td></tr>
<tr><td>4. $\dfrac{1}{s^n}$</td><td colspan="2">$\dfrac{1}{(n-1)!}t^{n-1}$ n 是一个正整数</td></tr>
<tr><td>5. $\dfrac{1}{s}e^{-as}$</td><td colspan="2">$u(t-a)$ 在 $t=a$ 开始的单位阶跃</td></tr>
<tr><td>6. $\dfrac{1}{s}(1-e^{-as})$</td><td colspan="2">$u(t)-u(t-a)$ 矩形脉冲</td></tr>
<tr><td>7. $\dfrac{1}{s+a}$</td><td colspan="2">e^{-as} 指数衰减</td></tr>
<tr><td>8. $\dfrac{1}{(s+a)^n}$</td><td colspan="2">$\dfrac{1}{(n-1)!}t^{n-1}e^{-at}$ n 是一个正整数</td></tr>
<tr><td>9. $\dfrac{1}{s(s+a)}$</td><td colspan="2">$\dfrac{1}{a}(1-e^{-at})$</td></tr>
<tr><td>10. $\dfrac{1}{s(s+a)(s+b)}$</td><td colspan="2">$\dfrac{1}{ab}\left(1+\dfrac{b}{a-b}e^{-at}-\dfrac{a}{a-b}e^{-bt}\right)$</td></tr>
<tr><td>11. $\dfrac{s+\alpha}{s(s+a)(s+b)}$</td><td colspan="2">$\dfrac{1}{ab}\left[\alpha-\dfrac{b(\alpha-a)}{b-a}e^{-at}+\dfrac{a(\alpha-b)}{b-a}e^{-bt}\right)\right]$</td></tr>
<tr><td>12. $\dfrac{1}{(s+a)(s+b)}$</td><td colspan="2">$\dfrac{1}{b-a}(e^{-at}-e^{-bt})$</td></tr>
<tr><td>13. $\dfrac{s}{(s+a)(s+b)}$</td><td colspan="2">$\dfrac{1}{a-b}(ae^{-at}-be^{-bt})$</td></tr>
<tr><td>14. $\dfrac{s+\alpha}{(s+a)(s+b)}$</td><td colspan="2">$\dfrac{1}{b-a}[(\alpha-a)e^{-at}-(\alpha-b)e^{-bt}]$</td></tr>
<tr><td>15. $\dfrac{1}{(s+a)(s+b)(s+c)}$</td><td colspan="2">$\dfrac{e^{-at}}{(b-a)(c-a)}+\dfrac{e^{-bt}}{(c-b)(a-b)}+\dfrac{e^{-ct}}{(a-c)(b-c)}$</td></tr>
<tr><td>16. $\dfrac{s+\alpha}{(s+a)(s+b)(s+c)}$</td><td colspan="2">$\dfrac{(\alpha-a)e^{-at}}{(b-a)(c-a)}+\dfrac{(\alpha-b)e^{-bt}}{(c-a)(a-b)}+\dfrac{(\alpha-c)e^{-ct}}{(a-c)(b-c)}$</td></tr>
<tr><td>17. $\dfrac{\omega}{s^2+\omega^2}$</td><td colspan="2">$\sin\omega t$</td></tr>
<tr><td>18. $\dfrac{\omega}{s^2+\omega^2}$</td><td colspan="2">$\cos\omega t$</td></tr>
<tr><td>19. $\dfrac{s+\alpha}{s^2+\omega^2}$</td><td>$\dfrac{\sqrt{\alpha^2+\omega^2}}{\omega}\sin(\omega t+\phi)$</td><td>$\phi=\tan^{-1}\dfrac{\omega}{\alpha}$</td></tr>
<tr><td>20. $\dfrac{s\sin\theta+\omega\cos\theta}{s^2+\omega^2}$</td><td colspan="2">$\sin(\omega t+\theta)$</td></tr>
<tr><td>21. $\dfrac{1}{s(s^2+\omega^2)}$</td><td colspan="2">$\dfrac{1}{\omega^2}(1-\cos\omega t)$</td></tr>
<tr><td>22. $\dfrac{s+\alpha}{s(s^2+\omega^2)}$</td><td>$\dfrac{\alpha}{\omega^2}-\dfrac{\sqrt{\alpha^2+\omega^2}}{\omega^2}\cos(\omega t+\phi)$</td><td>$\phi=\tan^{-1}\dfrac{\omega}{\alpha}$</td></tr>
<tr><td>23. $\dfrac{1}{(s+a)(s^2+\omega^2)}$</td><td>$\dfrac{e^{-at}}{a^2+\omega^2}+\dfrac{1}{\omega\sqrt{a^2+\omega^2}}\sin(\omega t-\phi)$</td><td>$\phi=\tan^{-1}\dfrac{\omega}{\alpha}$</td></tr>
</table>

$F(s)$	$f(t), 0 \leqslant t$
24. $\dfrac{b}{(s+a)^2 + b^2}$	$e^{-at}\sin bt$
24a. $\dfrac{1}{s^2 + 2\zeta\omega_n + \omega_n^2}$	$\dfrac{1}{\omega_n \sqrt{1-\zeta^2}} e^{-\zeta\omega_n t}\sin\omega_n \sqrt{1-\zeta^2}\, t$
25. $\dfrac{s+a}{(s+a)^2 + b^2}$	$e^{-at}\cos bt$
26. $\dfrac{s+\alpha}{(s+a)^2 + b^2}$	$\dfrac{\sqrt{(\alpha-a)^2 + b^2}}{b} e^{-at}\sin(bt+\phi) \qquad \phi = \tan^{-1}\dfrac{b}{\alpha-a}$
27. $\dfrac{1}{s[(s+a)^2 + b^2]}$	$\dfrac{1}{a^2 + b^2} - \dfrac{1}{b\sqrt{a^2+b^2}}e^{-at}\sin(bt-\phi) \qquad \phi = \tan^{-1}\dfrac{b}{-a}$
27a. $\dfrac{1}{s(s^2 + 2\zeta\omega_n s + \omega_n^2)}$	$\dfrac{1}{\omega_n^2} - \dfrac{1}{\omega_n^2\sqrt{1-\zeta^2}}e^{-\zeta\omega_n t}\sin(\omega_n\sqrt{1-\zeta^2}\,t + \phi) \qquad \phi = \cos^{-1}\zeta$
28. $\dfrac{s+\alpha}{s[(s+a)^2 + b^2]}$	$\dfrac{\alpha}{a^2+b^2} + \dfrac{1}{b}\sqrt{\dfrac{(\alpha-a)^2+b^2}{a^2+b^2}}e^{-at}\sin(bt+\phi)$ $\phi = \tan^{-1}\dfrac{b}{\alpha-a} - \tan^{-1}\dfrac{b}{-a}$
29. $\dfrac{1}{(s+c)[(s+a)^2 + b^2]}$	$\dfrac{e^{-ct}}{(c-a)^2 + b^2} + \dfrac{e^{-at}\sin(bt-\phi)}{b\sqrt{(c-a)^2+b^2}} \qquad \phi = \tan^{-1}\dfrac{b}{c-a}$
30. $\dfrac{1}{s(s+c)[(s+a)^2 + b^2]}$	$\dfrac{1}{c(a^2+b^2)} - \dfrac{e^{-ct}}{c[(c-a)^2+b^2]} + \dfrac{e^{-at}\sin(bt-\phi)}{b\sqrt{a^2+b^2}\sqrt{(c-a)^2+b^2}}$ $\phi = \tan^{-1}\dfrac{b}{-a} + \tan^{-1}\dfrac{b}{c-a}$
31. $\dfrac{s+\alpha}{s(s+c)[(s+a)^2 + b^2]}$	$\dfrac{\alpha}{c(a^2+b^2)} - \dfrac{(c-\alpha)e^{-ct}}{c[(c-a)^2+b^2]} + \dfrac{\sqrt{(\alpha-a)^2+b^2}\,e^{-at}\sin(bt+\phi)}{b\sqrt{a^2+b^2}\sqrt{(c-a)^2+b^2}}$ $\phi = \tan^{-1}\dfrac{b}{\alpha-a} - \tan^{-1}\dfrac{b}{-a} - \tan^{-1}\dfrac{b}{c-a}$
32. $\dfrac{1}{s^2(s+a)}$	$\dfrac{1}{a^2}(at - 1 + e^{-at})$
33. $\dfrac{1}{s(s+a)^2}$	$\dfrac{1}{a^2}(1 - e^{-at} - ate^{-at})$
34. $\dfrac{s+\alpha}{s(s+a)^2}$	$\dfrac{1}{a^2}[\alpha - \alpha e^{-at} + a(a-\alpha)te^{-at}]$
35. $\dfrac{s^2 + \alpha_1 s + \alpha_0}{s(s+a)(s+b)}$	$\dfrac{\alpha_0}{ab} + \dfrac{a^2 - \alpha_1 a + \alpha_0}{a(a-b)}e^{-at} - \dfrac{b^2 - \alpha_1 b + \alpha_0}{b(a-b)}e^{-bt}$
36. $\dfrac{s^2 + \alpha_1 s + \alpha_0}{s[(s+a)^2 + b^2]}$	$\dfrac{\alpha_0}{c^2} + \dfrac{1}{bc}[(a^2 - b^2 - \alpha_1 a + \alpha_0)^2 + b^2(\alpha_1 - 2a)^2]^{1/2}e^{-at}\sin(bt+\phi)$ $\phi = \tan^{-1}\dfrac{b(\alpha_1 - 2a)}{a^2 - b^2 - \alpha_1 a + \alpha_0} - \tan^{-1}\dfrac{b}{-a} \quad c^2 = a^2 + b^2$
37. $\dfrac{1}{(s^2 + \omega^2)[(s+a)^2 + b^2]}$	$\dfrac{(1/\omega)\sin(\omega t + \phi_1) + (1/b)e^{-at}\sin(bt+\phi_2)}{[4a^2\omega^2 + (a^2+b^2-\omega^2)^2]^{1/2}}$ $\phi_1 = \tan^{-1}\dfrac{-2a\omega}{a^2+b^2-\omega^2} \quad \phi_2 = \tan^{-1}\dfrac{2ab}{a^2-b^2+\omega^2}$
38. $\dfrac{s+\alpha}{(s^2 + \omega^2)[(s+a)^2 + b^2]}$	$\dfrac{1}{\omega}\left[\dfrac{a^2+\omega^2}{c}\right]^{1/2}\sin(\omega t+\phi_1) + \dfrac{1}{b}\left[\dfrac{(\alpha-a)^2+b^2}{c}\right]^{1/2}e^{-at}\sin(bt+\phi_2)$ $c = (2a\omega)^2 + (a^2+b^2-\omega^2)^2$ $\phi_1 = \tan^{-1}\dfrac{\omega}{\alpha} - \tan^{-1}\dfrac{2a\omega}{a^2+b^2+\omega^2}$

$F(s)$	$f(t), 0 \leqslant t$
39. $\dfrac{s + \alpha}{s^2\left[(s + a)^2 + b^2\right]}$	$\phi_2 = \tan^{-1}\dfrac{b}{\alpha - a} - \tan^{-1}\dfrac{2ab}{a^2 - b^2 + \omega^2}$ $\dfrac{1}{c}\left(\alpha t + 1 - \dfrac{2a\alpha}{c}\right) + \dfrac{\left[b^2 + (\alpha - a)^2\right]^{1/2}}{bc} e^{-at}\sin(bt + \phi)$ $c = a^2 + b^2 \qquad \phi = 2\tan^{-1}\dfrac{b}{a} + \tan^{-1}\dfrac{b}{\alpha - a}$
40. $\dfrac{s^2 + \alpha_1 s + \alpha_0}{s^2(s + a)(s + b)}$	$\dfrac{\alpha_1 + \alpha_0 t}{ab} - \dfrac{\alpha_0(a + b)}{(ab)^2} - \dfrac{1}{a - b}\left(1 - \dfrac{\alpha_1}{a} + \dfrac{\alpha_0}{a^2}\right)e^{-at}$ $- \dfrac{1}{a - b}\left(1 - \dfrac{\alpha_1}{b} + \dfrac{\alpha_0}{b^2}\right)e^{-bt}$

附录二　差分方程与 Z 变换

我们已经知道，对于线性连续控制系统可以采用微分方程来描述，拉普拉斯变换是主要的数学工具。而对于采样系统而言，由于采样后的信号处处不连续，且在除采样点外没有定义，因此就不能再用微分方程来描述其运动规律，而要改用差分方程来描述，主要的数学工具是 Z 变换。

一、线性常系数差分方程

对于一个单输入单输出的线性采样系统，设输入脉冲序列为 $u(kT)$，输出脉冲序列为 $y(kT)$，且为了表示简便起见，通常都省略 T，而直接写为 $u(k)$ 和 $y(k)$。显然，某一采样时刻的输出 $y(k)$ 不但与这一时刻的输入值 $u(k)$ 有关，还与过去采样时刻的输入 $u(k-1)$，$u(k-2)$，…有关，也与此时刻前的输出 $y(k-1)$，$y(k-2)$，…有关。这种关系可以用以下的方程来描述：

$$y(k) + a_1 y(k-1) + a_2 y(k-2) + \cdots + a_n y(k-n)$$
$$= b_0 u(k) + b_1 u(k-1) + \cdots + b_m u(k-m)$$

这就是 n 阶线性常微分差分方程。上式还可以写成递推的形式：

$$y(k) = b_0 u(k) + b_1 u(k-1) + \cdots + b_m u(k-m)$$
$$- a_1 y(k-1) - a_2 y(k-2) - \cdots - a_n y(k-n)$$
$$= \sum_{j=0}^{m} b_j u(k-j) - \sum_{i=0}^{n} a_i y(k-i)$$

二、Z 变换

1. Z 变换的定义

我们已经知道，$x(t)$ 的采样信号 $x^*(t)$ 可以表示为

$$x^*(t) = \sum_{k=0}^{\infty} x(kT)\delta(t - kT), \ (\text{对于 } k < 0, \text{有 } x(kT) = 0)$$

其中 T 表示采样周期。对上式进行拉普拉斯变换，可得

$$x^*(s) = \sum_{k=0}^{\infty} x(kT)e^{-kTs}$$

引入变量 z，并令其为

$$z = e^{Ts}$$

于是 $x^*(s)$ 可以写为

$$x^*(s) = \sum_{k=0}^{\infty} x(kT)z^{-k}$$

这样 $x^*(s)$ 就成了以 z 为自变量的函数，我们把这个函数称为 $x(t)$ 的 Z 变换，记作 $x(z)$。也就是说，Z 变换的定义是

$$x(z) = Z[x(t)] = \sum_{k=0}^{\infty} x(kT)z^{-k}$$

与 $x(t)$ 拉普拉斯变换的定义

$$x(s) = L[x(t)] = \int_0^{\infty} x(t)e^{-st}dt$$

作一比较就可以看出，Z 变换实质上是拉普拉斯变换的一种推广，也称为采样拉普拉斯变换或离散拉普拉斯变换。还需要强调指出的是，在定义 Z 变换时，是从 $x^*(t)$ 的拉普拉斯变换入手的，也就是将 $x^*(t)$ 的拉普拉斯变换叫做 $x(t)$ 的拉普拉斯变换，但定义之后就不再需要考虑 $x^*(t)$ 了。当我们求某一个函数 $f(t)$ 的 Z 变换时，可直接利用公式而不必去考虑 $f(t)$ 是否被采样或是被采样成怎样的脉冲序列。

附表中列出了一些常用函数的 Z 变换。为了便于使用，表中同时列出了这些函数相应的拉普拉斯变换。

2. Z 变换的性质

（1）线性性质

若

$$Z[x_1(t)] = x_1(z), \quad Z[x_2(t)] = x_2(z)$$

则

$$Z[x_1(t) \pm x_2(t)] = x_1(z) \pm x_2(z)$$

$$Z[mx(t)] = mZ[x(t)] = mx(z) \quad (m \text{ 为任意实数})$$

（2）实位移定理

实位移定理包括滞后定理（负偏移定理）和超前定理（正偏移定理）。

滞后定理（负偏移定理）

设连续函数 $f(t)$ 当 $t < 0$ 时为零，且 $Z[f(t)] = F(z)$，则

$$Z[f(t - nT)] = z^{-n}F(z)$$

超前定理（正偏移定理）

设连续函数 $f(t)$ 的 Z 变换 $Z[f(t)] = F(z)$，则

$$Z[f(t + nT)] = z^n F(z) - z^n \sum_{k=0}^{n-1} f(kT)z^{-k}$$

特别是，当

$$f(0) = f(T) = f(2T) = \cdots = f[(n-1)T] = 0$$

则

$$Z[f(t + nT)] = z^n F(z)$$

（3）初值定理

若 $Z[f(t)] = F(z)$，且 $\lim\limits_{z \to \infty} F(z)$ 存在，则

$$\lim_{t \to 0} f(t) = f(0) = \lim_{z \to \infty} F(z)$$

(4) 终值定理

若 $Z[f(t)] = F(z)$，且 $(1 - z^{-1})F(z)$ 定义在 Z 平面的单位圆上，或者在单位圆外无极点，则

$$\lim_{t \to \infty} f(t) = f(\infty) = \lim_{z \to 1}(1 - z^{-1})F(z)$$

(5) 非一一对应性

非一一对应性是 Z 变换的一个重要性质。我们注意到在 Z 变换的定义式

$$x(z) = \sum_{k=0}^{\infty} x(kT)z^{-k}$$

中，仅仅含有函数 $x(t)$ 在采样时刻的瞬时值 $x(kT)$，而 $x(t)$ 在各采样时刻之间的值在 $x(z)$ 中都没有反映。如果有两个函数 $x_1(t)$ 和 $x_2(t)$（如附图 1 中所示），它们在 $t = kT$（$k = 0, 1, 2, \cdots$）的各个采样时刻的值彼此相等，而在其他时刻并不相等。从 Z 变换的定义可知，这两个函数的 Z 变换是相同的。这说明同一个 Z 变换可以对应于许多个互不相同的原函数。由于 Z 变换有这种性质，所有如果利用 Z 变换表来查找 $x(z)$ 的原函数，则 Z 变换表给出的原函数只是许多可能的答案之一，而不是惟一的答案。Z 变换表实际上只能给出原函数的一连串离散的数值，而不能给出原函数。

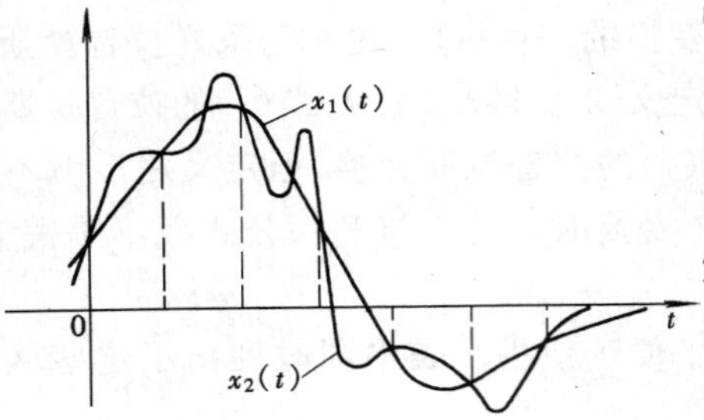

附图 1　Z 变换的非一一对应性

三、常用函数的 Z 变换表

常用函数的 Z 变换表　　　　　　　　　　　　　附表 2

	$F(s)$	$f(t)$	$F(z)$
1	1	$\delta(t)$	1
2	e^{-aTs}	$\delta(t - nT)$	z^{-n}
3	$\dfrac{1}{1 - e^{-Ts}}$	$p(t) = \sum\limits_{n=0}^{\infty} \delta(t - nT)$	$\dfrac{z}{z - 1}$
4	$\dfrac{1}{s}$	$u(t)$	$\dfrac{z}{z - 1}$
5	$\dfrac{1}{s^2}$	t	$\dfrac{Tz}{(z - 1)^2}$
6	$\dfrac{1}{s^3}$	$\dfrac{t^2}{2}$	$\dfrac{T^2 z(z + 1)}{2(z - 1)^3}$
7	$\dfrac{1}{s^{n+1}}$	$\dfrac{t^n}{n!}$	$\lim\limits_{a \to 0} \dfrac{(-1)^n}{n!} \dfrac{\partial^n}{\partial a^n} \left[\dfrac{z}{z - e^{-aT}} \right]$
8		a^{nT}	$\dfrac{z}{z - z^T}$
9	$\dfrac{1}{s + a}$	e^{-at}	$\dfrac{z}{z - e^{-aT}}$
10	$\dfrac{1}{(s + a)^2}$	te^{-at}	$\dfrac{Tze^{-aT}}{(z - e^{-aT})^2}$

	$F(s)$	$f(t)$	$F(z)$
11	$\dfrac{a}{s(s+a)}$	$1-e^{-at}$	$\dfrac{(1-e^{-aT})z}{(z-1)(z-e^{-aT})}$
12	$\dfrac{\omega}{s^2+\omega^2}$	$\sin\omega t$	$\dfrac{z\sin\omega T}{z^2-2z\cos\omega T+1}$
13	$\dfrac{\omega}{(s+a)^2+\omega^2}$	$e^{-at}\sin\omega t$	$\dfrac{ze^{-aT}\sin\omega T}{z^2-2ze^{-aT}\cos\omega T+e^{-2aT}}$
14	$\dfrac{s}{s^2+\omega^2}$	$\cos\omega t$	$\dfrac{z(z-\cos\omega T)}{z^2-2z\cos\omega T+1}$
15	$\dfrac{s+a}{(s+a)^2+\omega^2}$	$e^{-at}\cos\omega t$	$\dfrac{z(z-e^{-aT}\cos\omega T)}{z^2-2ze^{-aT}\cos\omega T+e^{-2aT}}$
16		$(-1)^n$	$\dfrac{z}{z+1}$
17		na^n	$\dfrac{az}{(z-a)^2}$
18		n^2a^n	$\dfrac{az(z+a)}{(z-a)^3}$

参 考 文 献

1. 孔凡才编. 自动控制原理与系统. 北京：机械工业出版社，1987

2. 吴麒主编. 自动控制原理. 北京：清华大学出版社，1999

3. 南京工学院数学教研组编. 工程数学——积分变换. 北京：人民教育出版社，1979

4. 金以慧主编. 过程控制. 北京：清华大学出版社，1998

5. 邵裕森主编. 过程控制及仪表（修订版）. 上海：上海交通大学出版社，1999

6. 陶永华等主编. 新型 PID 控制及其应用. 北京：机械工业出版社，1998

7. 王家桢等编著. 传感器与变送器. 北京：清华大学出版社，1998

8. 苏铁力等编著. 传感器及其接口技术. 北京：中国石化出版社，1998

9. 吴国熙编著. 调节阀使用与维修. 北京：化学工业出版社，1999

10. 王家桢编著. 调节器与执行器. 北京：清华大学出版社，2001

11. ［英］CIBSE 编著. 龙惟定、王曙明等译. 注册建筑设备工程师手册. 北京：中国建筑工业出版社，1998

12. 刘耀浩编著. 建筑环境与设备的自动化. 天津：天津大学出版社，2000

13. 刘明俊等编著. 计算机控制原理与技术. 长沙：国防科技大学出版社，1999

14. 张宇河等编著. 计算机控制系统. 北京：北京理工大学出版社，1998

15. 汤国熙编著. Z 变换的理论与应用. 北京：宇航出版社，1988

16. 王锦标等编著. 过程计算机控制. 北京：清华大学出版社，1992

17. 阳惠宪主编. 现场总线技术及其应用. 北京：清华大学出版社，1999

18. 蔡敬琅编著. 变风量空调设计. 北京：中国建筑工业出版社，1997

19. John I. Levenhagan. HVAC Control System Design Diagrams. McGraw-Hill, 1999

20. Feng-Li Lian, *et al*. Network Consideration of Distributed Control Systems. IEEE Transaction on Control Systems Technology, Volume 10, Number 2, March 2002

21. Bill Swan. The Language of BACNet-Objects, Properties and Services". http://www.alerton.com

22. David Fisher. BACNet and LonWorks: A White Paper. http://www.alerton.com

23. Echelon Corporation. Introduction to the LonWorks System. http://www.echelon.com

24. Echelon Corporation. LonTalk Protocol. http://www.echelon.com